減脂不減美味的健康瘦身計畫

日式減醣料理

料理名家 **KAZU** × 營養師 **廖欣儀**

KAZU
廖欣儀
著

時報出版

吃美食同時瘦下來！

各位讀者大家好。我是 KAZU，一個日本家庭料理的研究家。

作為一個日本人，我移居到台灣後發現台灣美食既便宜又好吃！而且最棒的是，即使在半夜也能輕鬆買到很多美味炸物。這對我來說簡直是一個天堂般的環境，因為我非常喜歡吃高熱量的油炸食品。

此外，外送服務也非常方便，我可以在半夜動動手指就能點一個漢堡套餐。我會直接將特大杯可樂加上威士忌一個晚上喝光，再加上套餐裡的薯條及漢堡。經過兩年這樣的生活方式，我的體重直接從 70 公斤增加到 83 公斤。

幸運的是我有機會去參加了健身房的減重計畫。正是在那裡，我接觸到了減醣飲食的各項知識。結果，我在兩個月內驚人的減掉了 12 公斤。

起初，我以為的減醣生活是：
- 不能吃主食
- 活得像個草食性動物

- 必須只吃無味無聊的雞胸肉
- 我會一直很餓
- 感覺很痛苦

對於減醣只有負面的印象,直到我真正開始了解它……

真正進入減醣生活後,我發現可以吃的菜色其實相當豐富,只要你注意醣的攝取量,你會驚訝的發現能吃的東西意外的多。而且,以蛋白質為基礎的飲食「出奇地飽」。這是最讓我感到震驚的地方。

在減肥初期,我已經完全戒掉了主食「米飯、麵包和麵食」,所以我每天大約吃五頓,我的一整天都吃得很飽,以至於我告訴我的教練「我不想再吃了」。在「減肥中永遠很餓」的印象瞬間消失得無影無蹤。

結合我對料理的熱愛,我決定開發各種低醣的食譜。雖然對於一個愛吃米飯的日本人來說,放棄夢想中米飯已經很困難了,換個角度想,如果知道自己能吃什麼食材和調味料,我也可以用我喜

歡的食材和我喜歡的調味方式做我喜歡的減肥料理。

這也是我能夠完全無痛減肥最大的原因。

這本書分享的食譜都是我減肥期間所吃、所做的料理,我的太太也因此跟著瘦下了 10 公斤。當我在社交媒體上分享食譜時,有許多讀者也與我分享他們的成果,並收到「醫生告訴我要限制醣值的攝取」「很開心能在減醣生活中吃到各種料理」各種回饋。

隨著收到的回饋越多,就越希望大家都能 「好好吃飽,以健康的方式瘦下來」,這就是我分享減醣食譜的最大目的。

我非常高興有機會出版減醣食譜書,書中收錄了我在減醣期間真正喜歡,並且常做的食譜。但是食譜只是一個參考,裡頭可能會出現你不愛吃的蔬菜或你不喜歡的肉。

當然在低醣值的基礎下,可以調整成任何你喜歡的食材!

豬肉和雞肉基本上可以改成任何部位的肉，你也可以把豬肉改為牛肉或羊肉，或把雞肉改為豬肉。如果有不能吃的蔬菜也可以省略，或者用你喜歡的蔬菜代替。在減肥期間，當你不得不忍受很多東西的時候。吃自己喜歡的食物，肯定比強迫自己吃不喜歡的食物更讓人開心，也更能堅持下去！「想吃美味食物的同時瘦下來！」如果你也這麼想，不妨參考這些菜譜跟著做看看。

* 請注意，長期完全斷絕碳水對健康不利，請與醫生或營養師諮詢制定飲食計畫。

讓你更有效地控制體重

低醣飲食在營養師界被廣泛認可，我也曾透過低醣飲食結合間歇性運動，在短短一個月內就減了兩公斤，且體脂肪率也下降了5%，成效驚人。在成功減肥後，我調整攝取的醣量，並持續健康飲食，即使假日頻繁與家人朋友聚餐也沒有復胖，這讓我對低醣飲食更有信心。

有了自己的減肥經驗後，我常向大家推薦低醣飲食，但在推廣過程中，我發現最常見的問題是很多人不知道如何計算醣量，進而完全不吃醣類，或是用極端的節食或斷食方式來減肥，因此，我開始提供簡單的菜單給大家作參考。不過我的廚藝有限，我只會將食材燙熟後，拌上橄欖油或添加堅果食用，吃起來平淡無奇，這種不夠創意的低醣飲食會讓一些追求美食的人卻步，真是可惜。後來我看到了 KAZU 的影片，藉著他有趣的料理美食影片，學到了不少料理技巧，讓我的減醣飲食菜色多元化，因此經常推薦 KAZU 的頻道給朋友。

這次很開心有機會與 KAZU 共同合作完成這本減醣食譜書，我負責減醣飲食的基礎知識介紹，而 KAZU 則負責減醣食譜，這本書結合我們各自的專業知識和實踐經驗，讓減醣飲食變得更加

豐富。在這本書中，你可以查到關於減醣飲食的基礎知識，包括什麼是低醣飲食及其原理，以及如何有效地實施低醣飲食計畫，並介紹如何選擇適合的食材，以更正確地執行減醣飲食，希望可以幫助大家有效控制體重、改善健康。

建議先閱讀書中關於減醣飲食的基礎知識，懂了原理才能靈活運用。接著選擇感興趣的食譜，根據食譜的步驟進行烹飪，並享受美味又健康的低醣料理。持之以恆實踐減醣飲食，並根據需要進行調整，藉此達到最佳的減肥效果。我相信，透過本書提供的知識和食譜，將能夠更加輕鬆地實現自己的健康目標。

我曾見證許多人從對營養學一無所知，到最終能夠藉由健康飲食來照顧自己和家人的健康，KAZU 就是一個具代表性的成功案例。KAZU 不僅在自己與家人身上實踐減醣飲食，還願意將食譜分享給大家，對於想減醣的朋友們來說真是一大福音。如果你想學正確的減醣知識，並對低醣飲食感興趣，這本料理書非常適合你。只要跟隨書中的食譜採購食材並製作，料理也能變得輕鬆又有趣。

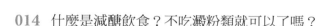

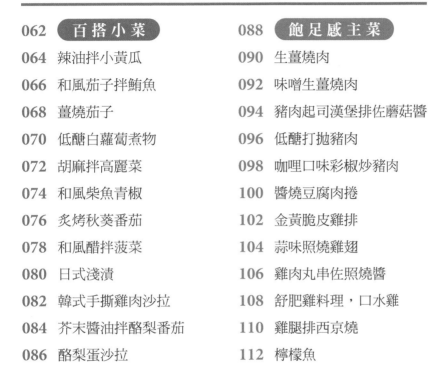

PART3
減醣日式料理，零失敗！

PART 4
減醣 Q&A

PART 1

減醣必備
正確觀念！

你認識的減醣飲食是什麼？

你需要的是增肌還是減脂？

先擁有正確的減醣觀念，

再開始瘦身！

什麼是減醣飲食？
不吃澱粉類就可以了嗎？

為什麼有人實行減醣飲食效果不好，或是沒多久就復胖了？

常聽到有人說：「我都沒有吃飯，但還是瘦不下來。」

也有人說：「我不吃甜食，而且每天都吃很少，還是一直變胖！」

到底出了什麼問題？

很多人認為減醣飲食就是不吃澱粉類，例如：米飯、麵食、麵包、餅乾等，但是卻忽略水果的糖分，甚至大量吃水果。有人則是極端的不吃含醣食物，例如：澱粉類、水果類，甚至蔬菜類都完全不碰，利用吃大量的肉類及油脂來執行無醣飲食，但這些都是較極端的減肥方式，除了效果不持久之外，長久下來，對於某些有隱性疾病的人，還可能會產生副作用而傷害身體健康。

醫院門診常見的減肥個案，都是利用極端減肥法之後造成副作用，輕則月經異常、口臭、掉髮，重則肝指數飆高，甚至腎臟發炎，最後只好找醫生與營養師協助治療。

若你在一知半解之下執行減醣飲食，可能會因營養不均衡而破壞正常代謝，到最後不只復胖，還可能引起某些健康問題。因此想

執行健康的減醣飲食，一定要了解正確的營養知識才行。

吃錯反而得不償失

過去的無澱粉飲食法，是限制醣類攝取，並增加蛋白質和脂肪攝取，提倡者的理論基礎在於：限制醣類攝取時，胰臟 β 細胞分泌胰島素的量會較低，讓肝醣、蛋白質及脂肪的合成減少，但身體需要能量時卻沒有葡萄糖可使用怎麼辦？此時只好促使胰臟 α 細胞分泌「升糖素」，升糖素可分解肝醣或脂肪產生葡萄糖作為能源來源。

聽到升糖素會分解脂肪這個點，多數人就覺得減脂的效果一定很明顯，而且這種無澱粉、高蛋白質和高脂肪飲食能抑制飢餓感，進而讓人減少進食量，似乎可達到減肥效果。

可惜的是，當人體分解脂肪產生能量時，會產生大量酮酸，酮酸高的時候會有噁心、嘔吐、食欲下降、腹瀉或脫水等現象產生，也因此造成體重下降的假象，但當你恢復一般飲食後體重就會回來了，甚至有人會在高酮酸血症之下造成代謝異常，血液中膽固醇上升，有隱性疾病者恐進展成三高、心臟病、腎病等併發症，反而得不償失。

選擇好醣＋控制份量

現代較推薦的減醣飲食，即「控制含醣食物的份量」，並非完全不吃澱粉。這樣的飲食模式已成為一種受歡迎的飲食方式，因為

它可以幫助控制體重、協助血糖控制等，而且可以長久執行，並非短時間內的飲食法。

其實二十年前我在醫院當營養師的時候，指導糖尿病患的血糖控制法就是使用減醣飲食，只是當時沒有所謂減醣飲食的名稱出現。我們指導病患每餐控制醣量在適當的克數下，注意，不是不吃醣，而是教育他們先認識含醣食物，並且控制每餐的醣類應該吃什麼，以及吃多少，包含一整天的飯量或水果量該吃多少。

許多肥胖糖尿病患在嚴格低醣飲食控制下不但體重正常了，連控制血糖的能力也變好。不喜歡算熱量又想減肥的外食族，也可以嘗試減醣飲食，因為只需要「有意識的減少含醣食物」就能減少熱量，是種相對簡單又健康的減肥法。

執行減醣飲食前，
一定要知道的基本健康知識

任何減重的方法開始之前，都一定要確保自己明白基礎的營養知識，才不會對身體造成危害！

1. 注意整體營養素均衡

雖然減少含醣食物的攝取，但仍須確保攝取人體所需的各種營養素，以維持營養均衡。衛生福利部國民健康署制定了每日飲食指南，在指南中依據食物的營養成分特性，分成了六大類食物：全穀雜糧類、豆魚蛋肉類、乳品類、蔬菜類、水果類和油脂與堅果種子類（可參考 P18，六大類食物圖），這是個很好的指標，我們要記得每天都要吃到六大類食物，遇到含醣食物（全穀雜糧類、乳品類、水果類）時注意份量即可，如此才能控醣又獲得各種必需營養素。

2. 選擇健康的醣類

避免攝取過多含精製糖的食品，如：糖果、蛋糕、甜點等，不僅熱量高，脂肪含量也較高。選擇原型的複合式醣類，如：全穀雜糧類、地瓜、南瓜等，相較於精緻化的醣類，含有較多膳食纖維及營養素，除了可適度提供人體能量外，對代謝正常也有益處。

六大類食物

乳品類 **1.5~2** 杯（一杯 240ml）

蔬菜類 **3~5** 份

豆魚蛋肉類 **3~8** 份

油脂與堅果種子類
油脂 **3~7** 茶匙
堅果種子類 **1** 份

全穀雜糧類
1.5~4 碗

水果類 **2~4** 份

3. 適度控制醣類攝取量

醣類攝取量會因個人需求而有所不同，一般人建議每天攝取的醣類應在總熱量的 45 ～ 55%，減醣時的比例可以降低為 20 ～ 40%，例如：每天早餐原本習慣吃兩片吐司，就先改成一片吐司，每餐吃一平碗飯，先改成吃半碗飯，或是中午一樣吃一碗飯，但晚餐不吃飯，這樣就可以把醣類的量減半。不過具體的攝取量應根據個體的年齡、性別、體重、活動水平和健康狀況等因素而定，可在專業醫師或營養師的指導下進行調整，減脂效果更好。（後面章節會教大家如何計算醣量）

4. 選擇優質的蛋白質

在減醣飲食中,蛋白質通常被視為主要的能量來源,但有的人以為吃肉就是補充蛋白質,有時卻選到高油的肉,例如,吃培根、牛五花肉當成蛋白質來源,但這些食材的油脂量太高,實際上是被歸類在油脂類,並非蛋白質類。因此應選擇優質低脂的蛋白質如:豆類、雞蛋、魚類、去皮瘦肉等,才能獲得高品質的蛋白質,對減脂效果更明顯。選擇正確的蛋白質食物後,也要控制份量,而不是狂吃。例如,平常女性一餐的蛋白質量約為女性一個手掌大。例如,瘦肉或魚片 120 克,而平常男性可吃一個男性手掌大,大約是 150 克的雞胸肉,這樣就足夠,不要吃過量,免得熱量過剩仍會變成脂肪囤積在身體內。

5. 選擇優質的脂肪類

降低醣類比例,脂肪類攝取的比例也會跟著增加,因此應選擇優質的脂肪,例如:多元不飽和脂肪酸較多的橄欖油、堅果種子類或酪梨等,避免過多攝取飽和脂肪和反式脂肪酸。

6. 注意個體差異

每個人的身體狀況和健康需求都不同,因此減醣飲食應根據個人的情況進行調整。例如,某位女藝人每天只吃 40 克醣類,你也跟著吃 40 克,但她的體型較瘦小,跟你完全不一樣,你一天只吃 40 克醣類可能會造成酮體過高,而造成掉髮或噁心嘔吐不舒服的症狀,反而讓代謝異常。

7. 監控血糖

減醣飲食可能會對血糖產生影響，例如，吃了藥之後血糖降太低而暈眩，如果是有在用藥的糖尿病人，在執行減醣飲食時請定期監控自己的血糖，或是在專業醫師或營養師的指導下進行飲食控制會更加安全。

8. 適度控制減醣速度

急速降低醣類攝取量可能會對身體產生負面的影響，例如，引起低血糖、營養不良或肌肉流失等。因此，出現不舒服症狀的人，應該要逐漸減少醣類的份量，而不是突然刪除大量醣類。

9. 保持足夠水分攝取

減醣飲食可能會導致體內的水分排出增加，因此應該攝取足夠的水分以維持身體的平衡。一般建議每日攝取人體的體重（公斤）乘上 30cc ～ 35cc 的水，例如：70 公斤的人應攝取 70 乘上 30 ～ 35，等於每天應該攝取 2100cc ～ 2450cc 的水。

總之，減醣飲食可以是一種有效的減肥方式，但在實施時應注意原則，更能符合個人需求並健康安全。

營養師小提醒

拒絕節食減肥！營養均衡才能代謝正常！

維生素礦物質

調節身體機能、促進新陳代謝及維持健康

醣類
1克產生4大卡

快速提供能量供身體所需

脂肪
1克產生9大卡

做為身體器官的保護層、能量的來源及製造荷爾蒙

蛋白質
1克產生4大卡

構成身體器官、促進生長發育及維持抵抗力

減醣必選原型食物
小心日常生活中的誤區

「原型食物」通常是指自然界中保持原始型態或是少經加工的食物，這些食物避免過度精緻化或少使用人工添加物，保持著較天然的狀態。舉例來說，蜜餞是新鮮水果加了糖與各種添加物去醃漬而成，素火腿是大豆蛋白添加油、糖、澱粉所製成，魚丸是魚肉加入鹽、糖、澱粉塑形而成，若不細看，你將不清楚食品的原本樣貌為何，這種食物大多為加工食品。

以下是家中必備原型食物：

醣類：地瓜、馬鈴薯、南瓜、玉米、燕麥、糙米、紫米

蛋白質：雞胸肉、豬里肌、牛腱、魚、蝦仁、豆腐、豆漿、毛豆、蛋

奶類：鮮奶，無糖優酪乳、無糖優格、無糖希臘優格

油脂類：堅果、酪梨、橄欖油、葡萄籽油、亞麻仁油

蔬菜類：各種新鮮蔬菜

水果類：各種新鮮水果

原型食物，好處非常多

1. 攝取更多營養素：原型食物的營養價值較高，含有較多維生素與礦物質，這些營養素有助於維持身體的正常功能。例如，白米為精緻化的穀類，因除去麩皮及胚芽，僅剩碳水化合物，只提供熱量，營養價值遠低於糙米。而糙米則含有纖維及維生素 B 群、維生素 E、鈣、鐵、鎂、鉀，因此建議以糙米飯或雜糧飯取代白米飯，更天然又健康。

2. 減少不必要的添加物攝取：加工食品可能添加鈉、香料、色素、化學添加劑等，過量攝取可能對健康造成負面影響。

3. 攝取較多的纖維質：植物性的原型食物大多含有纖維質，例如南瓜的纖維質相較於麵包高，纖維有助於血糖的穩定，也有助於產生飽足感，減少對高熱量食物的欲望，早餐將主食類從麵包換成南瓜，不只增加纖維與營養，也可減少奶油等加工油脂類的攝取。

4. 對環境更友善：食品工廠製作加工食物時，通常需要消耗大量能源及排放廢料，進而增加對環境的負擔。而原型食物則不需要過多加工過程，減少工廠排放廢氣、減少包裝耗材等可能引起環境汙染的途徑。

減醣少不了的代糖
吃得到甜味還能同時減少熱量

代糖可取代傳統砂糖，在食品和飲料中提供甜味，同時減少熱量攝取。每種代糖都有其獨特的特點和應用，可根據用途和營養需求進行選擇。以下幾種是風味較佳的代糖種類，給大家參考：

1. 甜菊糖苷（熱量 0 大卡 / 克）：
甜菊葉萃取物為甜菊糖苷，是一種高強度甜味劑，甜度高於蔗糖，有蔗糖 200 ～ 400 倍的甜度，且不提供熱量。甜菊糖苷可用於果凍或飲料中。

2. 羅漢果糖（熱量 0 大卡 / 克）：
甜度可達蔗糖 200 ～ 300 倍，熱量低，且酸鹼與熱耐受性較高，可用於烘焙和烹飪。

3. 果寡糖（熱量 2 大卡 / 克）：
果寡糖較其他代糖來說甜度較低，但它是一種益菌元，可以促進有益的腸道細菌生長，同時降低有害細菌的數量，對腸道健康有益。雖然果寡糖不像其他代糖那麼甜，但可以被添加到一些食品中以提高食品的益菌元含量，且因其型態多為液體狀，可被用來

取代高果糖糖漿用於飲料之中。

4. 赤藻糖醇（熱量 0.2-2.4 大卡／克）：

它在甜味和口感上類似於蔗糖，甜度約為蔗糖的七成，但提供較低的卡路里。赤藻糖醇可耐高溫，可以用來作為烘焙的代糖。

5. 木糖醇（熱量 2.4 大卡／克）：

木糖醇通常從植物木質纖維中提取，它具有類似蔗糖的甜味，但提供更低的卡路里（蔗糖每公克產生 4 大卡），且不引起蛀牙，因此木糖醇被廣泛用於口香糖、兒童糖果中。

要特別提醒，研究指出食用代糖不一定能讓人減肥成功，因為就算代糖能減少飲食中來自蔗糖的熱量，但食品中的澱粉和油脂量並沒有減少，這可能導致消費者產生一種誤解，即「這是無糖食品，可以多吃」，結果卻反而吃下更多高醣食物或高脂的食品，從而攝取不必要的熱量，反而導致體重增加。例如，市售的代糖蛋糕或餅乾仍然含有大量奶油、麵粉等成分，因此熱量並不低，仍需控制攝取量，才能避免吃下過多熱量。

我的身材標準嗎？
到底該減脂還是增肌？

體態的標準每個人觀感不同，有的人怎麼看自己都覺得肉很多，但有的人卻不覺得自己胖，甚至胖出疾病來都不知道。標準體態是維持健康的基本要素，因此請大家使用以下 2 種判定肥胖的方法，簡單評估自己是否需要體重控制。

A. 體重

體重計很容易取得，測量也很簡單，因此一般可藉由體重來評估是否需要減肥。想了解自己的體重是否正常，可使用身體質量指數（BMI）來估算，這公式不分男女都可以使用，是個簡易的判定方式。

身體質量指數（BMI）=
體重（公斤）÷ 身高（公尺）÷ 身高（公尺）
用自己的體重除以身高的平方：
例如：65 公斤、160 公分（1.6 公尺）的人，BMI 則為
65÷1.6÷1.6=25.4
25.4 屬於異常的範圍（過重）。

身體質量指數

體重過輕	正常範圍	異常範圍
BMI＜18.5	18.5≦ BMI＜24	過重24≦BMI＜27 輕度肥胖27≦BMI＜30 中度肥胖30≦BMI＜35 重度肥胖 BMI≧35

反過來，利用 BMI 可計算出標準體重：

標準體重＝身高（公尺）× 身高（公尺）×22

體重在 ±10% 的範圍之內即屬正常體重

例如：身高 160 公分（1.6 公尺）的人，理想體重是

1.6×1.6×22=56.32 公斤

56.32 的 ±10% 分別為 50.7 與 62 公斤

因此 50.7 ～ 62 公斤皆屬理想範圍。

有的人會覺得這樣算出來的體重，看起來還是有點胖胖的，這時你可嘗試將係數 22 降低到 19，這樣算出來的數值會下降一些。例如：1.6×1.6×19=48.64 公斤。將係數控制在 19 是讓人感覺輕盈的體重，但不建議將係數設定低於 18.5，因為根據研究指出，BMI 低於 18.5 的人反而會造成健康危害，例如肌肉不足代謝率會下降，體脂肪不夠讓荷爾蒙失調等。

B. 體脂肪率

光測量體重可能會有誤差，例如：肌肉量較多的人量起來體重過重，但其實體脂肪並不高，體重大多是肌肉的重量，就算 BMI 算起來超過標準，但他並不需要減肥。而泡芙人則有可能體重測量起來是正常的，體脂肪卻超標，體重大多為脂肪的重量，體型看起來也較不結實，即使 BMI 算起來是正常範圍，我也會建議他可以進行減脂。因此滿推薦想嚴格控制體態的人家中有一台體脂計，或是定期去健身房測量 InBody，了解自己的體組成才能確定要減脂還是要增肌。

體脂肪率的標準：

	標準		警戒區		肥胖
男性	18~30歲	30~69歲	18~30歲	30~69歲	25%以上
	14~20%	17~23%	20~25%	23~25%	
女性	18~30歲	30~69歲	18~30歲	30~69歲	30%以上
	17~24%	20~27%	24~30%	27~30%	

現代人很多都是泡芙人，意即體重正常但體脂肪超標的人，外表看起來可能是纖瘦的，但其實體內都是脂肪，這樣的人反而代謝性疾病（如：糖尿病或心血管疾病）的罹患機率會提高。

在這裡要提醒大家，體脂肪不是越低越好，而是在範圍內即可，因為油脂是構成荷爾蒙的材料，極低的體脂率會導致女性停經或荷爾蒙失調；體脂率過低也影響免疫系統，使身體更容易受到感染。過度關注體重和體脂率的數值也會對心理健康產生負面影響，例如：導致厭食、暴食、焦慮和抑鬱等問題。

Plus：如何得到更準確的體脂數據

體脂計可幫助了解自己的身體組成，但是你有發現每次測量的數據都不同嗎？你知道嗎？除了身體水分異動會影響之外，一個姿勢沒注意就讓結果差很多。想要得到更準確的數據，請注意以下原則：

▶ 想嚴格控制體態時，請使用全身式的體脂計，一般腳踏板式的體脂計只能測量下半身，因此選擇有把手搭配腳踏板的家用型 InBody 體脂計，能更好評估全身體脂肪。

▶ 測量體脂時，注意腿部要分開，否則下半身電流僅通過大腿，根本到不了下腹與屁股。

▶ 使用全身式的體脂計，手握把手時應將手臂伸直，且手不要碰觸到軀幹或腰部，否則電流會被干擾。

▶ 盡量同一時間、同一地點測量以減少變因，例如：每週固定一天的早晨在家中測量。

▶ 空腹、排尿排便後測量，並穿著輕便衣物以減少變因。

▶ 避開月經週期，因為月經週期水分易蓄積而影響數據。

▶ 避開運動後測量，因為運動後身體水分排出，體脂率會較高。

如何運用減醣飲食
該增肌或減脂？

我每天都有運動，怎麼體脂肪一點都沒有降？

我有減醣並且吃很多蛋白質，怎麼長不了肌肉？

我常常聽到以上這種話，仔細詢問之後就會發現，他以為的減醣其實沒有減到「醣」，或者他以為有運動其實根本不算運動。而且減脂只靠運動是不夠的，要增肌單靠多吃蛋白質也是沒有用的。還有人的問題是：減重初期增肌減脂的效果極好，但減到某個程度就停滯，不只體脂肪不再下降，肌肉也沒長進，陷入了體重遲滯期，令人沮喪不已。

這是因為身體已習慣目前的飲食與運動模式，攝取與消耗的能量已達平衡，如果不去調整飲食組成與運動項目將無法繼續瘦下去，因此接下來我們要針對「目標」來改變飲食內容與運動項目，才有機會突破遲滯期。

「增肌飲食」與「減脂飲食」大不同

目標是增肌的話，除了重訓外還要調整醣類與蛋白質的量，目標是減脂的話，醣類與油脂的量要嚴格控制效果較好，兩種的三大

營養素比例分配不同，想要嚴謹一點的人可先算出自己的每日總
熱量消耗，找出適合的熱量範圍，再來調整三大營養素比例。如
果想要簡易執行減醣飲食，則可估算醣量就好。

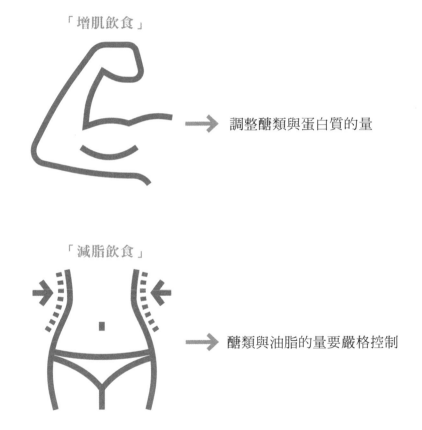

「增肌飲食」

→ 調整醣類與蛋白質的量

「減脂飲食」

→ 醣類與油脂的量要嚴格控制

PART 2

減醣飲食超簡單！

無論你需要減脂或是增肌，
只要跟著營養師的建議做，
減醣也能很簡單！

活用 211 餐盤，
輕鬆執行簡易控醣法

211 餐盤是每餐的蔬菜占 1/2，豆魚蛋肉占 1/4，剩下是澱粉占 1/4，是由「哈佛健康餐盤」延伸而來，最近常被用來推廣給一般民眾。這是一種不用精算克數，只要求比例的方式，直覺易懂、好執行，蔬菜占了一半的份量對血糖與控制熱量有幫助，對於想長期維持健康的人來說很好執行。

食材的選擇也是與減醣飲食相同的原則，例如：澱粉的選擇以未精緻化全穀類為主，地瓜、馬鈴薯、雜糧類等都是優於白米飯或白吐司更好的選項，蔬菜的種類要多變化，蛋白質選擇以白肉、魚類、豆類為主，或以低脂蛋白質為佳，可使用橄欖油等少油烹調，符合地中海飲食的原則。想要控制血糖的人，可將進食順序改以蔬菜為優先，再吃蛋白質，最後再吃澱粉類。要記得細嚼慢嚥，除了可以增加飽足感，對於穩定血糖也是有幫助的。

211 餐盤的澱粉類已經有控制份量，可稱為是一種較簡單的減醣飲食，這對於不想計算熱量的人來說是一種入門飲食法，對於很愛吃澱粉類的人來說也是一種過渡期的飲食法。

如果你是佛性減醣者，211 餐盤已經非常適合你，因為至少一餐的澱粉已經減少至 1/4 盤。但如果你想要嚴格計算熱量或醣量的人，或是想要更有效增肌或減脂的人，蛋白質與醣類的比例會與211 餐盤稍有不同。例如，想要減脂者，可把澱粉的量由 1/4 再減少至 1/6，並用蛋白質來補，如此減醣的效果會更好。

如果是想要增肌的人，蛋白質的量可由 1/4 增加到 1/2 ～ 1/3（看個人體型不同而定），澱粉的量也需要增加到 1/3 幫助肝醣的儲存，剩餘的才是蔬菜的份量。這時你會發現，增肌者的澱粉量並不算少，因此不能算是減醣飲食，我們頂多說是控醣飲食。

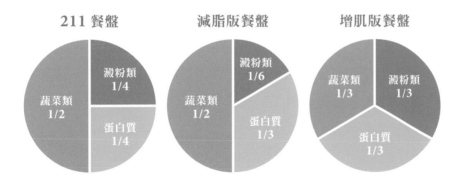

營養師小提醒

211 餐盤理論中，水果的量是另外計算的，並沒有放入餐盤中。所以要注意每天吃的水果量，一天 2 份水果即可，1 份為一個女生拳頭大小的水果，例如：小蘋果 1 顆、芭樂 1/3 顆、蓮霧 2 顆皆為 1 份，如果水果過量了，醣攝取過多，體控效果仍會不好。

想嚴格控醣，
要先學會計算熱量與醣量

想要更有效率達到減肥效果的人，須先了解自己每日總消耗熱量，當吃進去的熱量低於消耗的熱量，才能更有效的達到想要的效果。

步驟一、計算自己的 TDEE

TDEE（Total Daily Energy Expenditure，每日總熱量消耗）就是你一整天所消耗的熱量。理論上，長期攝取熱量超過 TDEE 則體重上升，等同於 TDEE 則不變，低於 TDEE 則體重下降。無論是增肌或減脂都應從熱量調整起，學會計算自己的 TDEE 才能有效達成目標。

TDEE 計算方式如下：

一、先計算出自己的基礎代謝率 BMR（Basal Metabolic Rate）

BMR（男）＝

（13.7× 體重（公斤））＋（5.0× 身高（公分））－（6.8× 年齡）＋ 66

BMR（女）＝

（9.6× 體重（公斤））＋（1.8× 身高（公分））－（4.7× 年齡）

＋ 655

例如：小玉為 33 歲女性，身高 160 公分，體重 55 公斤，每週

運動 3 次；我們把身高、體重與年齡帶入公式中，則為：

（9.6×55（公斤））＋（1.8×160（公分））－（4.7×33）

＋655，得到 BMR=1315.9 大卡。

二、再把 BMR 乘上活動係數則得 TDEE

活動量係數如下表：

活動量	描述
1.2	久坐族／無運動習慣者
1.375	輕度運動者／1 週 1～3 天運動
1.55	中度運動者／1 週 3～5 天運動
1.725	激烈運動者／1 週 6～7 天運動
1.9	超激烈運動者/體力活工作/1 天訓練2次

小玉每週運動 3 次，由表可知為輕度運動者，係數是 1.375，因

此 TDEE 則為 1315.9 大卡 × 1.375=1809.4 大卡。

若小玉想要維持體重，則可攝取 1809.4kcal；倘若想要減脂，

則需把攝取熱量降到 BMR 與 TDEE 間，也可把 TDEE 乘上

0.8 ～ 0.9 作為參考值，或是直接以 BMR 為目標，不要低於

BMR 即可。

若小玉想要增肌，需要提高熱量才能有增肌的效果，可把 TDEE 乘上 1.1 ～ 1.2，並搭配重訓才有長肌肉的機會。想要嚴格控制的人，可從熱量計算開始，算出適合的熱量，讓體控效果更好。

範例：

小玉的 TDEE 為 1809.4 大卡

- 減脂熱量 =TDEE×0.8 ～ 0.9 = 1447~1628 大卡
- 增肌熱量 =TDEE×1.1 ～ 1.2 = 1990~2171 大卡

依照增肌或減脂這兩種不同的目標來調整熱量，並且將三餐的熱量分配可得下表：

增肌／減脂三餐熱量比較

	減脂	增肌
早餐(大卡)	400	600
午餐(大卡)	500	650
晚餐(大卡)	500	650
水果(大卡)	120	120
總熱量(大卡)	1520	2020

步驟二、調整三大營養素比例

減脂：此時使用低醣飲食降低醣類與油脂的份量，熱量便得以下降，減脂效果就會出來。

增肌：若熱量攝取不夠，人體會消耗肌肉來產生能量則無法有效增肌，因此需要增加醣類和蛋白質的量，一是藉此增加熱量，二是提供足夠原料來生成肌肉，因此此時反而不能使用減醣飲食。

增肌或減脂兩種飲食都是以原型食物為主，但要去調整三大營養素的比例；由圖可看出地瓜（醣類）、豆漿（蛋白質）、堅果（脂肪）量不同，其他食物份量則無不同。

減脂餐：

雞蛋2顆、地瓜60克、蔬菜200克、堅果15克、無糖豆漿200cc

熱量：420大卡、蛋白質：29.1克、醣類20.8克、脂肪：24.5克

增肌餐：

雞蛋2顆、地瓜180克、蔬菜200克、堅果20克、無糖豆漿300cc

熱量：615大卡、蛋白質：35.0克、醣類51.7克、脂肪：29.9克

因此，減脂與增肌兩個是不同的飲食份量，我們必須確定好目標後再去調整飲食與運動。如果是體脂肪過高（女性超過 30%，男性超過 25%），我建議先用減醣飲食減脂，把體脂肪降到正常範圍後再進行增肌。

減脂與增肌的重點整理

1. 減脂時，熱量控制在 TDEE×0.8 ～ 0.9，把醣類與油脂降低來減少熱量。

2. 增肌時，熱量控制在 TDEE×1.1 ～ 1.2，把醣類與蛋白質增加，必要時增加一點好油脂來提高熱量。

3. 無論是增肌或減脂的基本原則都是攝取原型食物，並且攝取足夠的蔬菜。

4. 搭配有效的運動才會有效果。

減脂／增肌的營養素分配

	減脂 (克/每公斤體重)	增肌 (克/每公斤體重)
熱量	BMR< 熱量 <TDEE 或 TDEE×0.8~0.9	TDEE+300~500 大卡 或 TDEE×1.1~1.2
蛋白質	1.2~1.5	1.5~2.2
醣類	1.1~2.2	2.2~5.5
脂肪	0.7~1	0.7~1

範例：

想要嚴格減脂的 33 歲女性，體重 60 公斤／ 160 公分，應先訂

下每日攝取熱量的目標，再去調整三大營養素的比例。

按照公式計算出 BMR=1364，TDEE=1637

以 BMR 為攝取熱量，蛋白質 1.5 克／每公斤體重，醣類 2 克／

每公斤體重

計算應吃的克數得知：

蛋白質 1.5×60=90 克，醣類 2×60=120 克

90×4+120×4=840 大卡（來自蛋白質與醣類的熱量）

1364-840=524 大卡（來自脂肪的熱量）

524 大卡 /9=58 克脂肪（符合每公斤體重 0.7 ～ 1 克的原則）

如果只是想要簡易執行減醣飲食者，可直接計算醣量即可，例

如：體重 60 公斤的女性，每公斤體重乘上 1.1 ～ 2.2 即可，即

為 60×1.1=66 克醣，一整天的醣量控制在 66 克以內，並且選

擇低脂高蛋白肉類，並增加蔬菜的量，即可達成減醣飲食。

簡易食物代換法
熱量，用看的不用秤重

營養師自己外食的時候其實也只是概算，算熱量不是要多精準，大概算一下，別超過自己所訂的目標太多即可。如果是著重在控制醣分的飲食，我們甚至只要學會計算醣類的量即可。

下表為一份各類食物的營養價值。以這個簡表看得出來，含醣食物為：奶類、主食類、蔬菜類與水果類，因此吃到這類食物的時候就要節制。

營養師在外吃飯並沒有帶著秤，可是卻對各項食物的熱量一目瞭然，這是怎麼做到的呢？其實營養師對於食物重量是用目測法去概算的，因此在這邊要教你如何快速目測食物份量，該吃多少用看的就好！

我們可以用日常生活中最常接觸的測量工具，如：飯碗、手掌、湯匙等易取得的工具來目測計量，這樣也可精準計算又方便！

各類食物一份概念整理

營養素 類別	蛋白質 （公克）	脂肪 （公克）	醣類 （公克）	熱量 （大卡）	每 1 份食物舉例
全脂奶	8	8	12	150	鮮乳 240cc、全脂奶粉 4 湯匙（30 克）、
低脂奶	8	4	12	120	低脂奶粉 3 湯匙（25 克）、鮮乳酪 1 個（120
脫脂奶	8	－	12	80	克）
主食類	2	－	15	70	飯 1/4 碗、麵 1/2 碗、稀飯 1/2 碗、中型饅頭 1/3 個、薄片吐司麵包 1/2 片、玉米粒 1/4 碗、地瓜 1/3 碗、芋頭 1/3 碗、小湯圓 10 顆、蓮子 1/3 碗、燒餅 1/3 個、蘇打餅乾 2 片、粉圓 1/4 碗
肉魚豆蛋類	7	5	－	75	熟的肉或家禽或魚肉 35 克（生重約 1 兩，三根手指大小）、蛋 1 個、中華豆腐半塊、清豆漿 240cc、五香豆干 2 片、草蝦仁 3 隻（30 克）、小魚干 10 克、肉鬆 2 湯匙、雞腿 1/2 隻、貢丸 2 個
蔬菜	1	－	5	25	熟的蔬菜一律 1/2 碗、生蔬菜 1 碗。
水果類	－	－	15	60	女生拳頭大小皆為 1 份，例如橘子 1 個、土芭樂 1 個、泰國芭樂 1/3 個（160 克）、木瓜 1/2 個（190 克）、柑橘 1 個、柳丁（中）1 個、奇異果 1 又 1/2 個（125 克）、香蕉（中）1/2 根、蓮霧 2 個（180 克）、棗子 2 個（140 克）、櫻桃 9 個（85 克）
油脂類	－	5	－	45	烹調用油 1 茶匙、沙拉醬 2 茶匙、芝麻醬 2 茶匙、花生醬 2 茶匙、腰果 5 粒、核桃仁 5 粒、開心果 10 粒、西瓜子 60 粒、南瓜子 30 粒、杏仁 5 粒、花生 10 粒

◎ 一代表微量
◎ 概算時不用分低脂、高脂肉，一律用中脂肉的熱量去概算，不過建議平時還是以低脂肉為主

43

全穀根莖類

每個圖都是代表 15 克醣、70 大卡的份量。例如：1/4 碗飯、1/2 碗麵、1/2 片吐司、麵包 1/3 個、饅頭 1/3 個、地瓜 1/3 碗都有 15 克醣，若你一餐吃 1/2 碗飯或 2/3 碗地瓜或 1 片吐司就有 30 克醣，依此類推。

全穀根莖類 70 大卡／份

乾飯類

1/4 碗＝ 1/4 拳頭

乾飯類或水分少的主食類都視作乾飯類，如：糙米飯、雜糧飯、白米飯、玉米粒、綠豆、紅豆、粉圓

麵食類

1/2 碗＝ 1/2 拳頭

水分較多、體積蓬鬆的主食類都視作麵食類，如：熱麵條、稀飯、米粉、冬粉、西谷米

根莖類

1/3 碗＝ 1/3 拳頭

芋頭、地瓜、山藥、馬鈴薯、薏仁、蓮子

饅頭麵包

1/3 碗＝ 1/3 拳頭

麵包、餐包

吐司

1/2 片＝ 1 手掌

吐司

水果類：

一份水果都是 15 克醣，60 大卡，種類繁多，這裡舉例幾項種類：

1. 瓜類（西瓜、香瓜、木瓜）水分多，可以吃 1 平碗。

2. 不確定份量的水果（芭樂、火龍果、蓮霧），最多 3/4 碗。

3. 小顆的水果（小番茄、葡萄、草莓）一次 10 ～ 13 顆最安全。

4. 釋迦、香蕉、榴槤甜度高，酌量食用。

水果類 60 大卡／份　醣類 15 克

蘋果	柑類	香蕉
女生拳頭大小一顆	130 克	55 克＝半根

火龍果	芒果	榴槤
120 克	100 克	50 克

瓜類	釋迦	葡萄
1 碗＝ 180 克	60 克	100 克＝ 10 ～ 13 顆
水分多的水果一碗		小顆水果 13 顆左右

蔬菜類：

減醣飲食中，我們通常會忽略計算蔬菜類的醣分，因為蔬菜的醣類通常為膳食纖維，不被人體消化吸收，熱量極低，再者蔬菜要吃到很大量才會需要計算到醣量，通常是生酮飲食者因為嚴格限制醣量的緣故，才會需要計算蔬菜裡的醣，否則一般飲食是不需要計算的，可以忽略。從圖中可觀察到每 100 克的生蔬菜熱量大多分布在 10 ～ 30 大卡左右，其實占一餐的熱量很少，因此在營養師的計算裡不去斤斤計較這些小差異，每 100 克的蔬菜都一律估算為 25 大卡，含醣類 5 克。

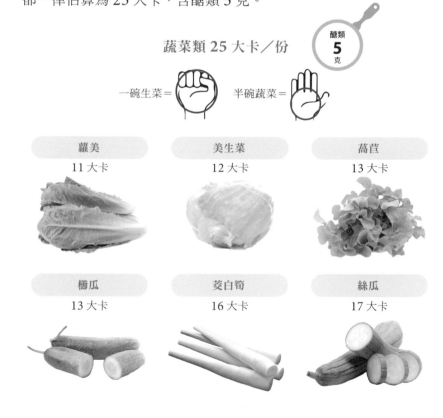

蔬菜類 25 大卡／份

醣類 **5** 克

一碗生菜＝　　　半碗蔬菜＝

蘿美	美生菜	萵苣
11 大卡	12 大卡	13 大卡

櫛瓜	茭白筍	絲瓜
13 大卡	16 大卡	17 大卡

玉米筍	彩椒類	綜合菇類
26 大卡	30 大卡	31 大卡

乳品類：

低脂奶或高脂奶的含醣量差異不大，加工品如優酪乳或起司片要
看成分標示才能確定含醣量。

乳品類 150 大卡／份

── 原型食物 ──	──────── 加工食物 ────────	
鮮奶	無糖優酪乳	起司片：
240cc	160cc	2 片 45g

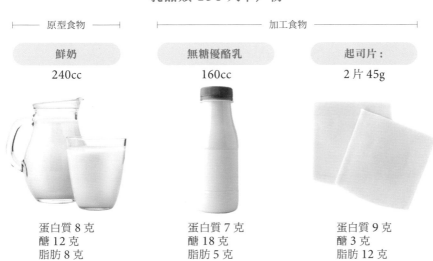

蛋白質 8 克	蛋白質 7 克	蛋白質 9 克
醣 12 克	醣 18 克	醣 3 克
脂肪 8 克	脂肪 5 克	脂肪 12 克

豆魚蛋肉類：

原型未加工的豆魚蛋肉類其實是不含醣的，因此在減醣飲食時可以不用計算醣量，但是我們烹調時會加入糖的話，就要額外計算。例如：糖醋排骨、紅燒雞腿、味噌湯等，烹調時加了砂糖，就要去估算糖量。如果是裹粉去炸的食物，也會需要計算裹粉（麵粉或地瓜粉）的量，此時也會增加醣量。因此在減醣飲食時，最好還是能夠自己料理、自己控制食物，以原型食物、不裹粉、控制調味的方式來減少醣類的使用，這樣最為安全。在肉類的選擇上，雖然肉有分高低脂，但可用中脂肉概算，不過原則上應避免選用高脂肉類。

豆魚蛋肉類 75 大卡／份

蛋白質 7 克　脂肪 5 克

肉類

一份 = 3 根手指頭

所有的肉類包括：雞胸肉、魚肉、豬肉、羊肉、牛肉、蝦、花枝、牡蠣、蛤蜊。

豆干類

一份 = 4 根手指頭

豆干、豆干絲、素雞

豆腐 1/2 盒

一份 = 1 個拳頭

盒裝豆腐

豆漿

240cc

無糖豆漿

雞蛋

1 顆

油脂類：

原型油脂類沒有醣，我們只要選擇原型的油脂類如：**橄欖油、植物油就是無醣**，堅果類有少量的醣，但油脂仍是主要成分，且我們不是要求「完全無醣」的飲食，因此在概算時，堅果可直接算成是油脂類，醣可忽略。

油脂類 45 大卡／份　
脂肪
5
克

油脂類	堅果類
一份＝大拇指上方	一份＝掌心

烹調用油，如：大豆油、
沙拉油、豬油、橄欖油

杏仁果、腰果、核桃、花生仁、
開心果、瓜子、南瓜子、葵瓜子

「低醣飲食應用圖表」
一天控醣至 60、90 克舉例說明

低醣飲食（控醣 60 克／天）
適合無運動習慣的女性／久坐上班族

早餐，30 克醣	午餐與晚餐，各 15 克醣
沙拉生菜＋吐司蛋＋無糖咖啡	蔬菜＋豆腐＋蔬菜炒肉絲＋飯

早餐，30 克醣

醣類 **30** 克 ＝吐司一片

可換成

地瓜 2/3 碗（120克）

或

饅頭 2/3 個（60克）

或

麥片 6 湯匙（40克）

午餐與晚餐，各 15 克醣

醣類 **15** 克 ＝ 1/4 碗飯

可換成

地瓜 1/3 碗（60克）

或

麵條 1/2 碗（60克）

或

水果 1 顆（女生拳頭大）

首先，要先找出含醣食物，再按照含醣食物的圖表估算醣量。澱粉類不是不能吃而是控制份量，建議多選擇全穀類澱粉而非精緻加工澱粉，依照每人活動量、體型、性別不同，選擇適合的醣量，例如：女生可設計為 60 ～ 90 克／天，男生 90 ～ 120 克／天。想增肌時，醣量需增加，且應配合重訓或高強度運動時，才會有效果。

低醣飲食（控醣 90 克／天）
適合無運動習慣的男性／輕活動量的女性

早餐，30 克醣
沙拉生菜＋吐司蛋＋無糖咖啡

醣類 **30** 克 ＝吐司一片
可換成
地瓜 2/3 碗（120克）
或
饅頭2/3個（60克）
或
麥片6湯匙（40克）

午餐與晚餐，各 30 克醣
蔬菜＋豆腐＋蔬菜炒肉絲＋飯

醣類 **30** 克 ＝ 1/2 碗飯
可換成
地瓜2/3碗（120克）
或
麵條 1 碗（120克）
或
玉米1根（170克）

附註：每個人狀況不同，舉例僅供參考。

外食醣量估估看
小心澱粉加工品

要注意的是有些加工品你可能不知道是澱粉類，例如：米血糕、
甜不辣，還有早餐可能會吃到澱粉加工品如蛋餅、燒餅、蘿蔔糕。

中式早餐						
	鮪魚蛋餅	燒餅油條	饅頭夾蔥蛋	中式飯糰加蛋	蘿蔔糕加蛋	豬排鐵板麵
熱量(大卡)	300	400	330	515	330	620
醣(克)	23	50	45	75	45	75

常見午餐						
	醬油拉麵（麵240克）	健康餐盒（飯200克）	義大利麵（麵300克）	雞排便當（飯300克+雞排裹粉10克）	什錦炒麵（麵300克）	中式炒飯（飯400克）
熱量(大卡)	470	600	600	900	615	725
醣(克)	60	60	75	100	75	100

台灣小吃

	蚵仔麵線	淡水阿給	蚵仔煎	大腸包小腸	滷肉飯	炸臭豆腐
熱量(大卡)	368 熱量多半來自醣類	470	410	470	445 熱量多半來自醣類與油脂	530 熱量多半來自蛋白質與油脂
醣(克)	75	50	40	30	60	5

手搖飲料

	全糖珍珠奶茶 700cc 奶精不好	無糖珍珠奶茶 700cc 無糖還是很多醣!	全糖紅茶拿鐵 700cc 鮮奶比奶精好	無糖紅茶拿鐵 700cc 重訓後喝	全糖紅茶 700cc 熱量全來自糖	無糖紅茶 700cc 減肥時喝
熱量(大卡)	660	460	390	190	200	0
醣(克)	125	75	60	10	50	0

澱粉加工品（含醣 15 克）

米血糕 35 克	燒餅 1/2 個（30 克）	菠蘿麵包 1/3 個（20 克）	甜不辣 70 克	水餃皮 4 張（30 克）
漢堡麵包 1/2 個（25 克）	蘿蔔糕 70 克	蛋餅皮 2/3 張（35 克）	蘇打餅乾 3 片（20 克）	

各家成分可能稍有不同，舉例僅供參考。

低醣飲食
三日菜單舉例

為了讓大家理解原型食物最容易計算醣量，提供以下三日菜單以供參考。

第一天早餐的地瓜為醣類最大來源，地瓜 60 克可提供 15 克醣，其他食物則沒有提供醣類，因此早餐的醣量約估為 15 克。原型肉類的燙雞柳也是無醣，但如果醃料中有加糖，例如加了一茶匙（5 克）糖，就要再加上 5 克，早餐也就為 20 克醣類。

午晚餐也是同等道理，把雜糧飯的量控制在 1/4 碗（50 克）內，並增加蔬菜量，蔬菜一餐至少 200 克（煮熟後目測約 1 個飯碗的份量），吃到大於 300 克以上也沒問題，主要是炒青菜的油量不要過量，這樣就可以控制熱量在一定的範圍內。

水果一天可以吃兩次，一次大約 1 個碗以內，這樣 1 次 15 克醣。因此一整天的醣量大約是 90 克。

低醣三日菜單

	早	午	晚	點心
Day 1	地瓜60克 燙雞柳70克 燙青菜100克 黑咖啡1杯 堅果5顆	雜糧飯50克 低脂肉70克 炒青菜200克 蘋果1顆	百菇雞湯泡飯： 雞腿100克 綜合菇300克 薑絲10克 雜糧飯50克	葡萄8顆
Day 2	全麥吐司半片 水煮蛋1顆 燙青菜100克 無糖豆漿240cc 堅果5顆	蒸南瓜100克 低脂肉70克 炒青菜200克 小番茄8顆	綜合魯味： 香菇100克 青菜200克 豆干90克 冬粉1把(球)	橘子1顆
Day 3	玉米粒50克 生菜200克 (加油醋醬10克) 無糖優格100克 無糖紅茶1杯	雜糧飯50克 低脂肉70克 炒青菜200克 香蕉半根	牛蒡味噌湯： 豆腐140克 低脂肉70克 牛蒡200克 鴻喜菇100克 乾海帶芽10克 青蔥末10克	蘋果1顆

營養師小提醒

100 克的牛蒡醣量為 19.1 克（包括 5.1 克膳食纖維），所以牛蒡的醣量並不低，減醣飲食的時候可多注意一下。但牛蒡的營養與纖維是不錯的，適量吃沒問題。

減肥減出問題了！
我該怎麼辦？

減肥後，月經已經有 2 個月沒有來了，怎麼辦才好？

因為減肥吃了一陣子水煮餐，蔬菜也吃很多，但卻出現便秘！

最近掉髮嚴重，這跟減肥有關嗎？

正在實行減肥計畫的你，也曾出現這些情形嗎？身體已經出現不良症狀了，到底該不該繼續減肥呢？其實這些問題在長期減肥的人身上很常見，每個人症狀的嚴重程度不同，臨床上常見的減肥後遺症，依照症狀可分以下幾種：

1. 低血糖、貧血、疲勞

通常出現在極低熱量減肥法（<800 大卡／天）的人身上，因過度節食造成營養不足，可能會有暫時暈眩疲勞、低血糖等情況。

2. 便秘、脹氣或排便習慣改變

因為減肥長期不敢吃油而造成膽汁分泌減少，進而引起消化不良，出現腹脹或便秘等問題，若再加上蔬菜吃太多，糞渣體積變大卡在大腸中造成蠕動變差，反而造成便秘。

3. 掉髮、指甲易斷裂

當營養素不足時，便會反應在身體上，例如：頭髮、指甲易斷，頭髮與指甲的主要成分為含硫胺基酸，因此當蛋白質不足時會造成掉髮。有些則因為過度減肥造成情緒壓力，影響毛囊或皮膚健康，因而造成掉髮或斷甲的情況。

4. 免疫系統受損

免疫細胞與抗體是由蛋白質組成的，因此當體內蛋白質不足時，身體的免疫力就會下降，變得很容易感冒或生病。

5. 女性月經週期異常

因為減肥長期熱量攝取低，造成功能性下視丘性閉經，因為身體感覺能量不足，為了維持其他生理功能正常，就優先讓生育功能暫停（身體感覺生殖非必要），月經就會停止。

6. 憂鬱症、厭食症或暴食症等心理創傷

過度節食讓抗壓荷爾蒙不足（脫氫異雄固酮 DHEA），可能容易造成失眠、頭痛或焦慮等症狀，還有脾氣暴躁的可能，長期下來影響了心理狀態，反而讓減肥人生更不愉快。

控制體重是要讓自己看起來更美、更健康，但過度要求或是用錯了飲食法，反而會造成後遺症甚至反效果。

因此我提了四個解決步驟，希望對你們有幫助：

1. 停止你現在的飲食控制法

無論是168斷食、低醣飲食或節食等飲食法，都先暫停2～4週，這幾週你只要選擇原型食物吃、攝取足量的蔬菜水果，保持蛋白質、醣類與油脂類食物都有吃到，減少炸食、甜食的頻率，記得多喝水，這樣就可以了，這幾週我們不是減肥，只是維持健康飲食原則，每餐吃七分飽，之後你再看看體重有沒有異動，我相信只要沒有大吃大喝，體重不會暴漲。

2. 增加或改變運動項目

均衡的飲食搭配運動，或改變原本的運動項目，可讓代謝功能重新調整一下，沒有運動習慣的人，請每天規畫20～30分鐘進行簡單運動，例如：慢跑、瑜伽、韻律操、跳繩、負重運動等皆可，利用運動來調整身體代謝，不論是精神或心理都會得到很好的釋放。

3. 找出壓力源，盡量減輕壓力

嚴重掉髮、焦慮、便秘、消化不良……，除了是營養不均造成的後遺症外，也可能代表心理壓力過重，因此要找出生活中讓你感到緊迫、不舒服的事情，盡量解除壓力來源並調適心態。例如：減肥時受到旁人言語的壓力，造成沮喪、挫折的壓迫感等等。這時你應維持健康飲食法，別讓旁人的話語影響你，再找個運動來執行，轉移注意力，也可以調整代謝能力。其他如工作、家庭、

學業等壓力，一定要想辦法轉念釋懷，或找尋家人、朋友甚至醫師的幫助，不要讓負面情緒困擾著你。

4. 調整規律作息、培養其他興趣

培養其他興趣，讓注意力從減肥轉移到其他事物上，例如看書、唱歌、看電影，找親朋好友一起爬山或進行球類競賽，進行有益身心的活動，還可以增強體魄，一舉多得。

最好的減肥速度應是每星期 0.5 ～ 1 公斤，要有計畫的進行健康飲食計畫，不是只靠節食或瘋狂運動來減肥，身體才不會出現過大的壓力或後遺症，當你體重已達到標準，就該停止減肥，避免過度追求「瘦才是美」的心態。希望大家可以獲得正確的營養知識。一起擁有健康的身體、健康的心理。

PART 3

減醣日式料理零失敗！

清爽百搭的小菜，

有飽足感但熱量與醣量不超標的主菜，

還有美味湯品或鍋類料理可以替換，

讓減重的每一天，

吃得飽也吃得香！

百搭
小菜

一份餐點若僅有主食，便會顯得索然無味。
只要加入幾道小菜，就能讓餐點更加豐富多彩。
此外，小菜還可以補充主菜所缺乏的營養素，
因此小菜搭配就顯得非常重要。

減肥期間，小菜常常只是簡單的汆燙水煮，
撒上鹽和胡椒或與蒜頭清炒而已。
然而，如果能變化一些調味手法，
減肥期間的餐點也能變得豐富有趣。
減醣生活中，
不妨嘗試做一些簡單易做的小菜食譜，
增添餐桌上的光彩吧！

MENU

辣油拌小黃瓜

和風茄子拌鮪魚

薑燒茄子

低醣白蘿蔔煮物

胡麻拌高麗菜

和風柴魚青椒

炙烤秋葵番茄

和風醋拌菠菜

日式淺漬

韓式手撕雞肉沙拉

芥末醬油拌酪梨番茄

酪梨蛋沙拉

辣油拌小黃瓜

1～2人份

這是一道將酸與辣兩種口感調配的絕妙平衡的涼拌小菜,十分開胃。
除了小黃瓜,不論是換成菠菜還是日本山藥來做,也都相當推薦。
它非常適合搭配稍微重口味的主菜,兩者更顯得相得益彰。

作法參考影片

熱量 59.2 卡	蛋白質 1.3 克	脂肪 5.2 克	醣類 1.8 克	膳食纖維 1.3 克

材料

· 小黃瓜 1根
（約100克）
· 醬油 1大匙
· 白醋 1/2大匙
· 辣油 1茶匙
· 黑胡椒 適量

作法

1 小黃瓜四邊用削皮刀削起，留一些皮沒關係。

2 接著將小黃瓜切成好入口的長度，再來將小黃瓜拍扁。

3 最後將全材料混合就完成。

KAZU 小撇步　不吃辣的話，不加辣油也可以。

和風茄子拌鮪魚

1～2
人份

茄子充分吸飽了香氣濃郁的香油風味，
與鮪魚的鮮甜產生絕佳的搭配。
這道菜口感清爽，但同時又有飽足感及滿足感。
你也可以追加一些薑末，將會使它更加爽口開胃！

作法參考影片

熱量	蛋白質	脂肪	醣類	膳食纖維
292.3 卡	25.2 克	16.7 克	10.3 克	4.0 克

材料

· 茄子 1根
（約150克）
· 水漬鮪魚罐頭
110克
· 蔥花 適量
· 香油 1大匙

[調味料]
· 醬油 2大匙
· 白醋 1大匙
· 和風高湯粉 1茶匙

作法

1 將茄子洗淨去除蒂頭後，縱切
兩半，在表皮上切十字網狀淺
紋＊茄子表皮切網狀淺紋的目
的在於後續較容易吸飽醬汁，
建議不要省略這個步驟。

2 平底鍋倒入香油熱鍋，將茄子
表皮朝下煎出金黃焦色。

3 最後鮪魚罐頭瀝乾水分，將茄
子、鮪魚及所有調味料混合就
完成。

**KAZU
小撇步** 除了蔥花之外，你也可以選擇柴魚片提
味。十字網紋這樣切就可以喔！

薑燒茄子

1~2
人份

將茄子裹上日式醬汁的美味程度，

真心想大力推廣給每一位讀者。

使用薑燒豬肉的調味手法，將豬肉換成茄子後，

帶來的味蕾饗宴甚至超越了薑燒豬肉！

作法參考影片

熱量	蛋白質	脂肪	醣類	膳食纖維
97.7 卡	4.1 克	5.3 克	8.4 克	4.0 克

材料

· 茄子 1根
（約150克）
· 橄欖油 1茶匙

[調味料]
· 醬油 2大匙
· 米酒 2大匙
· 代糖 1大匙
· 薑末 1指節份

作法

1　茄子切成好入口大小，表皮切網狀淺紋。

2　鍋裡倒入多一點油，皮先朝下煎出微微的焦色，翻面再煎熟。

3　接著下調味料煮到醬汁略為收乾即可起鍋。

4　灑點白芝麻更美味。

KAZU 小撇步　　薑末的使用可隨個人喜好做調整。

低醣白蘿蔔煮物

2～3
人份

這是一道讓太太獨自吃完一根白蘿蔔的食譜。
如果預先做好蘿蔔的前置處理，
白蘿蔔將會驚人的充分入味，變得非常美味！
調味方面與關東煮類似，因此也可以隨個人喜好
加入水煮蛋、油豆腐、蒟蒻等減肥中也很適合的配料。

作法參考影片

熱量	蛋白質	脂肪	醣類	膳食纖維
121.2 卡	7.7 克	0.6 克	21.3 克	6.6 克

材料

· 白蘿蔔 600克
· 水 適量
· 太白粉 1茶匙

[湯頭]
· 水 1000cc
· 醬油 3大匙
· 代糖 2大匙
· 和風高湯粉 1.5茶匙

作法

1 將白蘿蔔削皮，切厚片狀並將斷面切十字淺紋。

2 傳統電鍋外鍋放 2 杯水。將蘿蔔與水及太白粉煮到跳起。

3 白蘿蔔取出冷水沖洗，鍋內水倒掉，外鍋再注入 2 杯水。

4 白蘿蔔與湯頭一同放入內鍋中，煮到電鍋跳起後，不要保溫直接放涼。放涼的過程中可以加速入味。

5 享用時復熱一下即可上桌。

KAZU 小撇步

用一般鍋子做的話，請用小火煮 20 分鐘。太白粉可用一般生米 1 茶匙代替。 湯頭中的水可以直接使用高湯，高湯粉就可以省略。

胡麻拌高麗菜

2～3人份

將芝麻稍微炒熟後磨成芝麻醬，香氣會更加出色。
再加入稍微汆燙過的白菜，就能做出溫和的日式風味小菜。
它可能不足以成為一道主菜，但它就像一個受眾廣泛的配角一樣，
為整桌菜帶來了完美的和諧感。

作法參考影片

熱量	蛋白質	脂肪	醣類	膳食纖維
341.0 卡	14.0 克	23.8 克	17.7 克	8.2 克

材料

· 高麗菜 1/4顆
（約300克）

[調味料]
· 白芝麻 2～3大匙
· 代糖 1大匙
· 醬油 1大匙
· 高湯粉 1/2茶匙

作法

1 將白芝麻倒入鍋中小火乾炒。

2 接著將炒好的白芝麻用食物調理機或磨芝麻器磨成末。

3 高麗菜切成好入口大小，泡入熱水中氽燙過。

4 高麗菜加熱到喜歡的軟度，瀝乾並將水分擰乾。

5 最後將所有材料混合就完成。

KAZU 小撇步　帶點甜味會更加美味，請不要省略加入糖的步驟。

和風柴魚青椒 1~2 人份

在我小時候，光是把柴魚淋上醬油，就能扒好幾碗飯。
對許多日本人來說，柴魚是日式料理中必不可少的調味品。
每當我買到青椒時，不知道要做什麼料理時，
我總是先將我最喜歡的柴魚納入調味清單，最後做成這道料理。
如果你也喜歡柴魚的話，請一定試試看這個食譜。

作法參考影片

熱量	蛋白質	脂肪	醣類	膳食纖維
79.6 卡	10.4 克	1.2 克	6.8 克	4.5 克

材料

· 柴魚 10克
· 青椒（大）1顆
  （約150克）

[低醣版調味料]
· 代糖 1.5大匙
· 米酒 1大匙
· 醬油 1大匙

作法

1　將青椒切細長條狀。

2　在平底鍋中熱油放入青椒稍微
　　炒一下即可，炒太久反而會失
　　去爽脆感。

3　接著加入調味料炒一下。

4　最後加入柴魚拌勻，美味的便
　　當菜就完成！

**KAZU
小撇步**

如果不喜歡太甜的話，可以減少糖的用量。柴魚多加一點也
OK。冷掉也很好吃，所以很適合帶便當喔！

炙烤秋葵番茄

1~2 人份

「只要撒上咖哩粉一同烘烤，基本上任何食材都會變得相當美味。」
我認為這句話甚至寫在春聯，貼在玄關上，也不會有任何人反對。
如果再加上一點辣醬（例如 TABASCO），
增添酸辣的風味更是美味至極，非常推薦。

作法參考影片

熱量	蛋白質	脂肪	醣類	膳食纖維
229.9 卡	5.4 克	15.5 克	17.2 克	9.6 克

材料

· 秋葵 200克
· 小番茄 10顆

[調味料]

· 咖哩粉 1.5茶匙
· TABASCO 適量
· 蒜末 1顆量
· 玫瑰鹽 適量
· 黑胡椒 適量
· 橄欖油 1大匙

作法

1 秋葵抹鹽去表面絨毛後，蒂頭切掉，切成好入口大小。

2 全材料混合拌勻。

3 烤盤上鋪烘焙紙，放入混合好的材料。

4 烤箱預熱 180 度，放入烤 20 分鐘就完成。

KAZU 小撇步 喜歡的話也可以加入雞肉、櫛瓜等喜歡的材料一起烤，加入新鮮迷迭香一起烤也相當美味。

和風醋拌菠菜

在日本的居酒屋或定食店，經常會出現的這道用菠菜製作的小菜。
它可能不會給人留下深刻印象，但每當你回顧畢業紀念冊時，
它就像那些你回想不起來的同班同學一樣的令人懷念。
和風醋拌菠菜既美味又方便，也非常適合做為冰箱的常備菜，
所以請告訴你的同班同學：「記得要將這道食譜學起來」。

作法參考影片

熱量	蛋白質	脂肪	醣類	膳食纖維
103.9 卡	7.6 克	6.5 克	3.7 克	4.3 克

材料

· 菠菜 200克
· 醬油 1大匙
· 代糖 1大匙
· 白醋 1大匙
· 白芝麻 1大匙

作法

1　菠菜先燙過後擰乾水分，切 5 公分長度。

2　白芝麻先用食物調理機或磨芝麻器磨成末。

3　盆中加入醬油、代糖、白醋、白芝麻末與菠菜混合拌勻即可上桌。

KAZU 小撇步　用其他的菜，如：地瓜葉、小松菜、高麗菜、福山萵苣也都很適合這道食譜。

日式淺漬

3~4
人份

淺漬是低卡路里、低碳水化合物的完美小菜。

雖然泡菜並不常被視為減肥的最佳選擇，究竟為什麼呢？

淺漬的保存時間長，而且可以一次製作很多，

幾乎所有可以生吃的蔬菜都可以使用這個食譜來製作，

真的是一道很棒的配菜。

請務必試試變換不同的蔬菜來做淺漬，

享受著千變萬化的組合吧！

作法參考影片

熱量	蛋白質	脂肪	醣類	膳食纖維
51.6 卡	2.9 克	0.8 克	8.2 克	3.9 克

材料

· 喜歡的新鮮蔬菜 300克(白菜100 克、彩椒100克、 小黃瓜100克)
· 鹽巴 蔬菜重量的 2%
· 乾辣椒 適量
· 昆布 適量

作法

1 將蔬菜切成好入口大小。

2 依照蔬菜重量比重的 2% 鹽巴 加入抓勻。

3 將乾辣椒切薄輪狀,昆布切細 絲,與所有蔬菜一同放入壓縮 袋中。

4 壓縮袋上面上放上重物,放入 冰箱冷藏 30 分鐘~ 1 晚。

5 蔬菜稍微出水後就 OK。

KAZU 小撇步　喜歡的話可以加入適量白醋或是醬油調味也很好吃。請試試 看各種喜歡的蔬菜找出最喜歡的組合。做好的小菜建議冷藏 放置,2 ～ 3 天內食用完畢。

韓式手撕雞肉沙拉

2～3 人份

減肥初期吃雞肉沙拉的確讓人有一種「正在瘦下來」的感覺，非常不錯。

但過了大約一週左右，無論多麼美味，也很容易感到膩。

這時候，你可以嘗試變換各種調味，賦予雞肉沙拉各種面貌。

作法參考影片

熱量	蛋白質	脂肪	醣類	膳食纖維
342.3 卡	33.3 克	21.3 克	4.3 克	8.2 克

材料

· 舒肥雞胸肉 1 包
（約105克）

· 韓式海苔 5張
（約30克）

· 小黃瓜 1根
（約120克）

· 豆芽菜 50克

[調味料]

· 蒜末 1瓣量

· 雞粉 1茶匙

· 香油（胡麻油）1茶匙

· 白芝麻 適量

· 韓式辣椒醬 1茶匙

作法

1 豆芽菜洗淨瀝乾水分後撒上鹽巴，淋上熱水汆燙一下。

2 小黃瓜撒上鹽巴，用手壓在砧板上滾動摩擦，再切成絲。

3 舒肥雞胸肉用手撕成一絲絲。

4 最後全材料放入盆中拌勻即可上桌。

KAZU 小撇步 喜歡的話，加上一點辣椒粉也相當好吃。沒有舒肥雞胸肉的話，將雞胸肉直接燙熟使用也可以。

芥末醬油拌酪梨番茄

酪梨其實與醬油、芥末、柴魚等和風食材搭配起來相當合適，
當你想嘗試不同的酪梨吃法時，我強烈推薦試試看！

熱量	蛋白質	脂肪	醣類	膳食纖維
167.0 卡	7.9 克	11.8 克	7.3 克	9.7 克

材料

・酪梨 1顆
　（約150克）
・小番茄 5顆

[調味料]
・芥末 1/2茶匙
・醬油 1大匙
・白醋 1大匙
・柴魚 5克

作法

1　酪梨去皮切塊，小番茄切半。

2　最後將全部材料與調味料拌在一起就完成了。

KAZU 小撇步　　芥末的量可以隨喜好做調整。

酪梨蛋沙拉

1~2 人份

酪梨被譽為「森林中的奶油」，
那不妨用來做一道蛋沙拉吧！
由於酪梨的加入，
讓這道蛋沙拉變得更加綿密濃郁，
就像加了美乃滋一樣令人滿足。
美味到連森林的妖精都會聞之而來的程度。
但不管等待多久，來的只有出版社的編輯，
妖精仍舊未出現呢。

熱量
355.0 卡

蛋白質
12.2 克

脂肪
31.0 克

醣類
6.8 克

膳食纖維
11.4 克

材料

· 酪梨 200克
· 水煮蛋 1顆
· 檸檬汁 1大匙

[醬汁]
· 無糖優格 3大匙
· 橄欖油 2茶匙
· 胡椒鹽 適量
· 黑胡椒 適量

作法

1 酪梨去皮去籽，切成好入口大小，並灑上檸檬汁防止氧化。

2 水煮蛋切好入口大小。

3 全材料混合就完成。

飽足感
主菜

儘管正在減肥中，我仍舊希望能大口爽吃美味的料理！
在減醣飲食中，
會限制如米飯、麵包和麵類等高碳水的食材。
這樣一來，要想讓主菜變得美味可口，
或者做出令人滿足口腹之慾的料理，
在減肥中的困難程度將會有很大不同。
我已邁入 30 歲後半的年齡範圍，
如果主餐只是一大碗沙拉，就會不由得感到氣憤，
心想：「我可不是羊駝！」「果然，我還是想吃肉和魚！」
雜食動物的本能便會開始浮現。
因此，我想介紹許多以肉類為主食的減醣食譜。

生薑燒肉	日式醬煮魚
味噌生薑燒肉	義式水煮魚
豬肉起司漢堡排佐蘑菇醬	鮭魚竜田燒
低醣打拋豬肉	味噌鮭魚燉煮蘿蔔
咖哩口味彩椒炒豬肉	醬燒麻油炒小卷
醬燒豆腐肉捲	菠菜鮪魚西班牙烘蛋
金黃脆皮雞排	廣島燒風蛋煎高麗菜
蒜味照燒雞翅	和風雞蛋豆腐煲
雞肉丸串佐照燒醬	醬燒蒜香麻油豆腐排
舒肥雞料理，口水雞	豆腐歐姆蛋
雞腿排西京燒	檸香鹽燒炒菜
檸檬魚	

生薑燒肉  1～2 人份

在我家的家訓中，吃薑燒豬肉需要配上三大碗白飯。
但在減醣期間，取而代之的是大量的沙拉，
生薑燒肉的醬汁非常適合搭配高麗菜絲和萵苣。
因為較瘦的豬肉容易煮起來偏硬，所以在下鍋之前輕薄地撒上一些太白粉，
煎出來的肉不僅會更加軟嫩，還能使醬汁充分包裹在肉片上。
如果你想進一步減少碳水化合物攝入量，可以省略太白粉，
雖然肉會稍微硬一些，但也沒有問題。

作法參考影片

熱量 535.8 卡　蛋白質 42.5 克　脂肪 33.0 克　醣類 17.2 克　膳食纖維 0.1 克

材料

· 梅花豬肉片 200克
· 太白粉 2茶匙
· 香油 1大匙

[醬汁]
· 醬油 4大匙
· 米酒 4大匙
· 代糖 2大匙
· 薑末 1指節份

作法

1 豬肉片撒上太白粉使其均勻沾裹肉片表面。

2 生薑磨末，調味料混合拌勻。

3 平底鍋倒入香油熱鍋，下豬肉片炒熟。

4 肉片表面炒出焦色後，倒入醬汁拌勻。

5 醬汁微微收乾後即可與喜歡的生菜沙拉一同盛盤上桌。

KAZU 小撇步 太白粉的作用在於即使加熱也不會讓豬肉的水分流失，同時也能使醬汁均勻裹著肉片。

味噌生薑燒肉 1~2 人份

這道菜的調味十分濃郁，即使冷掉了也很美味，非常適合作為冷便當享用。
雖然說這個口味超級下飯，但減醣中需要忍住吃大量的米飯！
因此你可以選擇添加自己喜歡的蔬菜，
或者生菜沙拉、水煮蛋一起享用，也是不錯的選擇。

作法參考影片

熱量	蛋白質	脂肪	醣類	膳食纖維
477.3 卡	43.2 克	29.7 克	9.3 克	2.1 克

材料

· 豬肉片 200 克
· 豆芽菜 100 克

[調味料]
· 味噌 1 大匙
· 醬油 1 大匙
· 味醂 1 大匙
· 薑末 1 指節份

作法

1 將豬肉片與調味料揉勻放 10 分鐘。

2 平底鍋倒入香油（胡麻油）放入肉片翻炒。

3 肉片炒熟後加入豆芽菜快炒一下即可起鍋。

KAZU 小撇步　想增加一點甘甜風味，很推薦加 1～2 茶匙代糖，更加美味！也可加點七味粉。這一道菜很適合當作便當菜，推薦你試試。

豬肉起司漢堡排佐蘑菇醬

1～2 人份

「漢堡排在節食期間中也可以吃嗎？」應該讓不少人感到驚訝吧！
仔細一想，漢堡排其實只是將肉捏成圓形然後下鍋煎熟而已，
與牛排幾乎沒有什麼區別。
利用煎漢堡排後的鍋子裡殘留著肉汁和鮮味，一鍋到底完成醬汁。
如果你擔心脂肪含量，撒上玫瑰鹽直接享用也十分美味。
另外，漢堡排淋上蘿蔔泥和醋與醬油 1:1 的組合，
搭配和風的醬汁也相當推薦。

作法參考影片

漢堡排 ▶ 熱量 510.3 卡　蛋白質 46.8 克　脂肪 34.3 克　醣類 3.6 克　膳食纖維 0.3 克

蘑菇醬 ▶ 熱量 44.1 卡　蛋白質 3.8 克　脂肪 0.1 克　醣類 7.0 克　膳食纖維 1.1 克

材料

· 起司片 2 片

[漢堡肉排]

· 豬絞肉 200 克
· 豆纖粉 1 大匙（或凍豆腐 1 個）
· 牛奶 2 大匙
· 蛋 1 顆
· 黑胡椒粉 適量
· 鹽巴 1/2 茶匙

[蘑菇醬]

· 鴻喜菇 50 克
· 米酒 2 大匙
· 代糖 2 茶匙
· 醬油 2 大匙

作法

1 將漢堡排材料混合，攪拌出黏性後，捏成漢堡排的形狀。

2 平底鍋倒入橄欖油熱鍋，下漢堡排中火加熱 3 分鐘。

3 煎到底部有金黃焦色後翻面，續煎 1 分鐘。

4 接著轉小火蓋上蓋子續悶煮 5 分鐘。

5 確認中心有熟即可放上起司使其融化，將漢堡排盛盤備用。

6 平底鍋清潔一下，放入橄欖油加熱，下鴻喜菇翻炒。

7 炒軟後加入米酒、代糖及醬油煮沸，即可淋在漢堡排上。

KAZU
小撇步

漢堡排要攪拌出黏性，口感才會好。豆纖粉在烘焙店可購得，起司不加也 OK。

低醣打拋豬肉

不說真的不會發現這道菜居然醣質這麼低！是一道隱藏版的完美減醣菜單。

最適合偷偷放進伴侶的便當盒，偷偷幫助他們減肥的好選擇。

你可以將豬絞肉換成雞絞肉，也可以加入香菜或羅勒等香草進行各種變化，

推薦你試試！

作法參考影片

熱量	蛋白質	脂肪	醣類	膳食纖維
458.2 卡	40.3 克	28.6 克	9.9 克	4.9 克

材料

· 豬絞肉 200克
· 青椒（大）1顆
　（約120克）
· 玉米筍 4根
　（約50克）
· 蒜末 1瓣量
· 辣椒 1小條
　（約 4克）

[調味料]

· 蠔油 1大匙
· 魚露 1大匙
· 代糖 1大匙

作法

1　青椒去芯切成好入口大小，其他蔬菜也切成好入口大小。

2　平底鍋加入油及蒜末爆香。

3　香味散出後，加入豬絞肉及胡椒鹽翻炒。

4　肉炒熟後加入蔬菜及辣椒炒一炒，最後加入調味料拌勻混合即可上桌。

KAZU 小撇步

加入魚露以後一瞬間讓這道料理富含泰式風味，請絕對不要省略。如果沒有的話可以換成醬油與味精一起炒也滿好吃，蔬菜的話只要你喜歡都可以加進去炒看看，無論單吃或配飯吃都適合。

咖哩口味彩椒炒豬肉

1～2人份

日本人非常喜歡嘗試將各種料理變成咖哩口味，
咖哩在日本的受歡迎程度可見一斑。
即使在減醣期間，我如果沒有吃到咖哩口味的料理，
家裡就像是出現了一條恆河一樣，思鄉的淚水會湧上心頭。
然而，市售的咖哩塊中含有小麥粉，
並且含有較高的脂肪含量，對於減肥不太適合。
解決之道是使用咖哩粉來製作，上述問題便可迎刃而解！

作法參考影片

熱量	蛋白質	脂肪	醣類	膳食纖維
478.5 卡	40.5 克	29.7 克	12.3 克	5.7 克

材料

· 豬肉片 200克
· 彩椒 2顆
　（約350克）
· 咖哩粉 2茶匙
· 鹽巴 少許
· 胡椒鹽 適量

作法

1　將彩椒去芯、去籽後切大塊。

2　豬肉放入鍋中拌炒，並撒上胡椒鹽調味一下。

3　翻炒途中用廚房紙巾吸除釋出的多餘油脂。

4　接著加入彩椒炒一炒，中途也撒上一些胡椒鹽調味。

5　食材都炒熟後，最後加入咖哩粉拌勻混合，嚐一下味道加入適量鹽巴調整即可起鍋。

KAZU 小撇步　大部分的咖哩粉都沒有鹽巴，如果不另外加入鹽巴將沒有鹹度，無法引出咖哩的美味，請務必加入鹽巴。

醬燒豆腐肉捲

2~3
人份

只需將豆腐包裹在肉片中再燒上美味的醬汁，就會變成充滿幸福感的美食。
稍微帶點甜的調味非常美味，無論是孩子還是成年人都喜歡這個味道，
能在擁有豆腐和肉的時代誕生真是太幸運了！

熱量	蛋白質	脂肪	醣類	膳食纖維
1112.2 卡	71.7 克	87.8 克	8.8 克	6.6 克

材料

・板豆腐 1盒
　（約400克）
・豬五花肉片 200克
・太白粉水 1茶匙

[調味料]
・醬油 3大匙
・代糖 2大匙
・米酒 1大匙
・蒜末 1瓣量
・薑末 1指節份
・蔥花 10克

作法

1 豆腐用廚房紙巾包起，並放上重物（如：盤子、書）釋出多餘水分。

2 豆腐切長方形小塊。

3 用豬五花肉片包起。

4 放入平底鍋將每面都煎熟。

5 煎熟後加入調味料拌勻使食材均裹上醬汁。

6 最後加入太白粉水稍微勾芡就完成。

KAZU 小撇步　用兩片五花肉就可以將豆腐完整的包起來。

金黃脆皮雞排

1~2 人份

我曾經一度幾乎每天都煎脆皮雞排來吃,將雞皮煎到酥脆的雞排真的超級美味!
雖然雞皮不含碳水化合物,但含有較多脂肪,這是在節食期間需要避免的部分。
然而,一份排餐中的雞皮量並不是很多,只要在其他餐中沒有攝取過多的脂肪,
你就可以在合理範圍內控制一天的脂肪攝取量。
減肥的飲食關鍵在於保持均衡的攝取!

作法參考影片

| 熱量 456.9 卡 | 蛋白質 55.5 克 | 脂肪 26.1 克 | 醣類 0.0 克 | 膳食纖維 0.0 克 |

材料

· 雞腿肉 1 片
（約300克）
· 鹽巴 適量
· 黑胡椒粉 適量

作法

1 將雞腿肉放置到常溫，在煎的時候受熱會較為平均。下鍋煎之前，兩面抹上一點鹽巴。

2 低醣優格凱薩醬（P.160）混合備用。

3 平底鍋內倒入 2 茶匙橄欖油，開中強火熱鍋，將雞皮朝下放入，用鍋鏟壓著雞腿肉 2 分鐘煎熟。釋出的油脂用廚房紙巾吸掉。

4 再加 2 茶匙橄欖油，不要壓繼續煎 8 分鐘，用湯匙將釋出的油舀起，淋上雞腿，反覆操作數次。

5 8 分鐘一到，翻面再煎 3 分鐘。

6 雞排兩面撒上黑胡椒，放置休息 5 分鐘即可完成，搭配凱薩醬享用。

KAZU 小撇步

先將雞腿的筋切斷，就能讓雞腿厚度變得平均，在料理上也更加容易喔。 料理前請務必在雞腿肉上抹上鹽巴，別忘記！如果你擔心雞肉中間沒熟，可以用竹籤插一下中心，如果流出的肉汁是透明的話，即表示已熟。

蒜味照燒雞翅

1~2 人份

充滿了蒜味雞肉料理，為什麼會如此美味呢？

這道食譜我用雞翅來製作，但用去骨雞腿肉或雞胸肉製作也非常合適。

如果你不喜歡大蒜味道，換成薑末也相當美味！

作法參考影片

熱量	蛋白質	脂肪	醣類	膳食纖維
284.1 卡	25.4 克	19.3 克	2.2 克	0 克

材料

· 雞翅 300克

[調味料]
· 蒜末 3瓣量
· 米酒 2大匙
· 代糖 2茶匙
· 醬油 1大匙
· 水 1大匙

作法

1 將雞翅表面水分擦乾，抹上胡椒鹽調味。

2 平底鍋加入胡麻油熱鍋，先將雞翅下鍋煎。

3 雞翅兩面煎出金黃色後，蓋上蓋子蒸煮。

4 用筷子插一下肉，確認流出透明肉汁，表示肉有熟。再淋上調味料拌勻混合。

5 最後灑點白芝麻即可享用。

KAZU 小撇步 沒在減醣的話也可將代糖換成砂糖，另外雞翅事先撒上低筋麵粉或太白粉，後續調味料更能濃厚裹上，也相當推薦喔！

雞肉丸串佐照燒醬

3～4
人份

這是一道日本居酒屋的經典菜單，在家中也能做出美味又健康的版本。
混合豆腐不僅能減少卡路里，同時增加飽足感，雞絞肉可以使用雞胸肉部位，
買不到的話直接用食物調理器等工具打碎即可。

作法參考影片

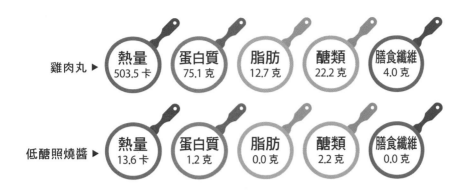

雞肉丸 ▶ 熱量 503.5 卡　蛋白質 75.1 克　脂肪 12.7 克　醣類 22.2 克　膳食纖維 4.0 克

低醣照燒醬 ▶ 熱量 13.6 卡　蛋白質 1.2 克　脂肪 0.0 克　醣類 2.2 克　膳食纖維 0.0 克

材料

· 雞絞肉 200克
· 麵包粉 2大匙
· 板豆腐 半盒
　（約 200克）
· 甜蔥或青蔥末 適量
· 蛋白 1顆
· 胡椒鹽 少許

[照燒醬]
· 米酒 2大匙
· 代糖 2茶匙
· 醬油、水 各1大匙

作法

1　將照燒醬材料以外的食材全部丟入大碗中，充分拌勻。

2　一顆一顆捏成型。

3　在平底煎鍋倒入油，中火煎至表面呈金黃焦色。

4　翻面，另一面也煎出顏色後，蓋上鍋蓋悶煎 1 ～ 2 分鐘，讓中心部分也熟透。

5　接著在鍋中倒入照燒醬材料煮沸，煮至醬汁稍微收乾一些即可起鍋。

KAZU 小撇步　醬汁容易煮焦，要小心喔！ 做雞肉丸剩下的蛋黃也可以當作沾醬。此外，直接沾上胡椒鹽也很好吃，你也可以試試。

舒肥雞料理，口水雞

如果你有低溫調理器，在家製作舒肥雞就變得非常簡單。

自己製作的舒肥雞可以變化不同的辛香料，

讓減醣生活中準備餐點變得更加有樂趣。

如果沒有低溫調理器，或者無法適切地進行溫度控制，

為了避免食物中毒的風險，建議在超市

或便利店購買現成的舒肥雞。

即使只是原味也很美味，

或是做好後加入其他料理中再行調味。

熱量	蛋白質	脂肪	醣類	膳食纖維
370.2 卡	73.1 克	7.0 克	3.7 克	1.9 克

材料

· 雞胸肉 300克
· 代糖 1茶匙
· 鹽巴 1/4茶匙
· 米酒 1大匙
· 小黃瓜 1根
（約100克）

[醬汁]
· 薑末 1指節份
· 水 1大匙
· 白醋 1大匙
· 醬油 1大匙
· 豆瓣醬 1/2茶匙
· 白芝麻 1茶匙

作法

1 在雞肉表面用叉子插出數個小洞。

2 所有醬汁以外的調味料與雞肉一同揉捏浸漬。

3 取一個耐熱 100 度的密封袋，放入調味好的雞胸肉，將裡面空氣抽出使其真空。

4 鍋子加水預熱到 60 度，在鍋中放入一個淺盤，避免袋子直接接觸鍋底造成破裂，再放入密封袋。如果放好幾片雞肉的話，有浮起狀況可以在上方再壓一片淺盤。

5 最後蓋上蓋子，維持 60 度低溫加熱 1 小時就能完成舒肥雞。

6 小黃瓜切絲鋪在盤底，上面放上舒肥雞，最後淋上醬汁就完成。

KAZU 小撇步

雞肉請務必退冰成常溫，沒退冰下鍋煮的話會導致讓雞肉中心沒熟。雞肉偏厚的話，可以橫切一刀變薄。 沒有低溫調理機的話，可以煮一鍋滾水後熄火，放入調味好的雞胸肉密封袋，蓋上蓋子浸 1 個小時也可以。

雞腿排西京燒

1~2
人份

西京燒通常以魚來製作，但使用雞肉也非常美味，
我強烈推薦讀者們試試看。
白味噌是西京燒常使用的味噌種類，
但在日本以外的地方可能不太容易找到，
所以使用普通超市買得到的味噌來製作也可以。

熱量	蛋白質	脂肪	醣類	膳食纖維
556.5 卡	61.8 克	28.9 克	12.3 克	0.1 克

材料

· 雞腿肉 300克

[醃料]
· 味噌 3大匙
· 米酒 1大匙
· 醬油 1大匙
· 代糖 2茶匙
· 薑末 1指節份

作法

1　將去骨雞腿肉與調味料揉捏浸漬冷藏 1 晚。

2　將雞腿表面的醃料用廚房紙巾擦拭乾淨

3　烤盤鋪上烘焙紙，再放入烤箱 200～230度烤10～15分鐘。

4　烤好後取出切成好入口大小即可享用。

KAZU 小撇步　味噌換成白味噌或是合わせ味噌都 OK。

檸檬魚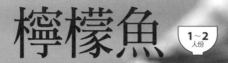

這是一道只需放入蒸籠就能輕鬆完成的料理，
基本上與水煮蛋的難度相比，沒有太大的差異。
除了鱸魚之外，也可以使用鱈魚、鮭魚等其他魚類來製作，
同樣美味可口。

作法參考影片

熱量	蛋白質	脂肪	醣類	膳食纖維
247.9 卡	43.7 克	3.9 克	9.5 克	1.6 克

材料

· 冷凍鱸魚片 1 片
（約200克）
· 香菜 2 束
· 檸檬 3 片
· 大蒜 5 瓣
· 辣椒 1 根
· 生薑 1 指節份

[調味料]
· 米酒 1 大匙
· 檸檬汁 100cc
· 魚露 25cc

作法

1 將檸檬切出三片；蒜頭、辣椒切片；生薑切絲；香菜梗切碎放入碗中，加入檸檬汁、魚露拌勻備用。

2 冷凍鱸魚片退冰，從中段肚子劃斜刀，擺入盤中。

3 魚淋上步驟 1 拌好的調味料。

4 準備蒸籠，擺入盤子蒸 15 分鐘。

5 蒸好確定魚肉有熟即可取出，再擺上檸檬片及切成末的香菜葉，即可享用。

KAZU 小撇步　利用大同電鍋蒸也 OK，外鍋的水量請自行調整。如果使用一整尾魚，調味量請加倍使用。魚露在各大超市都可購得，沒有的話用醬油替代也可。

日式醬煮魚

（1〜2人份）

「興匆匆的買了魚，卻不知道該如何烹調！」

相信大多擁有此想法的日本人，最後都會用這個調味方式來燉煮。

這道食譜的調味在日本非常受歡迎，可以說是家庭餐桌上非常普遍出現的料理。

稍微帶點甜的調味帶來一種懷舊的風味，無論用什麼樣的魚做，

都可以變得美味，這是一個魔法般的食譜。

作法參考影片

| 熱量 447.9 卡 | 蛋白質 85.3 克 | 脂肪 9.1 克 | 醣類 6.2 克 | 膳食纖維 0.1 克 |

材料

- 魚 350克
- 水 100cc
- 米酒 100cc
- 醬油 2大匙
- 代糖 1大匙
- 生薑 1指節份

作法

1 魚處理好後洗淨，在魚皮表面切十字淺刀。

2 接著放在熱水下沖洗。這個步驟可以讓魚肉在燉煮中不會散去，也可以同時抑制腥臭。

3 生薑切片，將所有食材放入鍋中。

4 鍋中鋪上鋁箔紙做成落蓋，中火燉煮 5 分鐘。

5 開蓋後續煮到醬汁大致收乾，魚肉確認有熟即可起鍋。

KAZU 小撇步　醬汁附著於魚表面上的話，即使魚肉沒入味也 OK。生薑切絲或切片都可以。

義式水煮魚

1～2
人份

將所有海鮮放入鍋中，加入白葡萄酒和番茄燉煮，
基本上就會變得十分美味。在減肥期間，
這種簡單又暴力的食譜能激起你每天都想嘗試的興趣，
我認為是非常好的。但是，一定要確保魚類有足夠的鹽分，
否則鮮美的味道會提不出來，務必要留意。
起鍋前嚐了一下覺得味道不夠，只需稍微撒上一些鹽和胡椒，
就能大幅改善這個問題。

作法參考影片

熱量	蛋白質	脂肪	醣類	膳食纖維
308.1 卡	49.8 克	7.7 克	9.9 克	0.9 克

材料

· 鱸魚片 200克
· 鹽巴 適量
· 蛤蜊 200克
· 小番茄 4顆
· 義大利香料 適量
· 白葡萄酒 50ml
· 水 50ml
· 橄欖油 5克

作法

1 蛤蜊泡鹽水吐沙；小番茄洗淨去除蒂頭，切對半。

2 鱸魚片退冰至常溫，兩面抹上鹽，靜置 10 分鐘再用廚房紙巾吸除水分。

3 平底鍋下橄欖油熱鍋，魚皮朝下煎出焦色。

4 接著放小番茄、蛤蜊、白酒、水，稍微拌一下，中火煮沸後轉小火。

5 蓋上蓋子煮到蛤蜊開殼後，開蓋續煮 8 分鐘後熄火。

6 盛盤，撒上義大利香料即可上桌。

KAZU 小撇步　在煎魚時一起加入蒜頭或辣椒會更加美味。

鮭魚竜田燒

1～2人份

鮭魚只需簡單烤熟就很美味，如果稍微花點心思，
在家也能做出日本小店等級的美味佳餚。
即使冷掉了也很好吃，非常適合作為便當的配菜。

作法參考影片

熱量	蛋白質	脂肪	醣類	膳食纖維
403.5 卡	32.3 克	26.7 克	8.5 克	0.1 克

材料

· 鮭魚排 150克
· 太白粉 1/2大匙
· 香油 1/2大匙

[調味料]
· 醬油 1大匙
· 米酒 1大匙
· 薑末 1指節份

作法

1 鮭魚切成大塊狀。

2 將切塊的鮭魚跟調味料抓勻，接著均勻撒上太白粉。

3 平底鍋倒入香油熱鍋，中火煎鮭魚，將每面都煎出均勻焦色。

4 最後撒上白芝麻就完成。

KAZU 小撇步　調味料中直接加入白芝麻末也可以，生薑替換成蒜末也好吃，很適合帶便當的料理。

味噌鮭魚燉煮蘿蔔

使用高湯和味噌來燉煮食材會使食材本身的鮮味更加濃縮聚集。
我也相當推薦一同加入水煮蛋同烹,增加食物的份量感及飽足感。
在日本,這種烹調手法也常用鱈魚來製作。

作法參考影片

熱量	蛋白質	脂肪	醣類	膳食纖維
483.6 卡	45.6 克	27.2 克	14.1 克	3.7 克

材料

· 鮭魚 200克
· 白蘿蔔 200克

[湯頭]
· 水 400cc
· 高湯粉 1茶匙

[調味料]
· 味噌 2大匙
· 薑末 1指節份
· 代糖 1大匙
· 米酒 1大匙

作法

1 將鮭魚切成好入口大小；白蘿蔔削皮切扇形薄片。

2 將湯頭部分倒入鍋中煮沸，煮沸後加入鮭魚、白蘿蔔及調味料。

3 鍋中鋪上鋁箔紙做成落蓋，中小火燉煮 20 分鐘。

4 煮到水分剩 1/3 就完成。

5 最後加上日式黃芥末或撒上七味粉、蔥花即可享用。

KAZU 小撇步　建議煮好後放涼置於冰箱冷藏一晚，隔天取出加熱會更入味好吃。

醬燒麻油炒小卷

1～2 人份

小卷是低卡路里、低脂肪，有充足蛋白質的食物，對於減醣飲食是一大幫手。

同家族的魷魚也可以替換上場，當你成功減重後，

再享受一包美味的炸魷魚犒賞自己也是不錯的。

熱量	蛋白質	脂肪	醣類	膳食纖維
400.3 卡	51.9 克	16.3 克	11.5 克	2.2 克

材料

· 小卷 300克
· 鴻喜菇 50克
· 蔥花 1支量
· 杏鮑菇 50克

[調味料]

· 麻油 1大匙
· 蒜頭 1瓣
· 醬油 2大匙
· 胡椒鹽 適量

作法

1 杏鮑菇切成好入口長條狀。

2 平底鍋加入麻油熱鍋，下食材
　翻炒。途中可加入少許胡椒鹽
　調味。

3 食材炒熟後沿著鍋邊倒入醬
　油，使其燒出醬香味，接著將
　食材拌勻裹上醬汁，撒上蔥花
　就完成。

菠菜鮪魚西班牙烘蛋

1~2
人份

這是一道只需少量食材和一個平底鍋就能做出來的一鍋到底便利料理。

推薦你加入番茄、乳酪、羅勒和當季蔬菜，不僅色香味俱全，還非常有飽足感。

魚肉中含有促進脂肪燃燒的 DHA 和 EPA，

在開始減肥前，對於鮪魚罐頭我並不將它視為魚的形象，

但仔細一想，它確實是魚類，而且料理上非常方便！

理智上我知道鮪魚罐頭是屬於魚類，但在內心裡卻不承認它是魚。

這感覺就像戀愛一樣呢！

作法參考影片

熱量	蛋白質	脂肪	醣類	膳食纖維
469.7 卡	46.9 克	29.7 克	3.8 克	1.9 克

材料

· 水煮鮪魚罐頭
  150克
· 菠菜 1束

[蛋液]
· 蛋 4顆
· 雞粉 1茶匙

作法

1 菠菜氽燙過，撈起泡入冰水冰鎮後，擰乾水分，接著切2cm 長。

2 鮪魚罐頭瀝乾水分與菠菜、雞粉、雞蛋混合拌勻。

3 平底鍋倒入橄欖油熱鍋，倒入混合好的材料。

4 用筷子在鍋中輕輕畫圈攪拌，蓋上蓋子小火蒸燒 7 分鐘。

5 烘蛋底部煎熟後，翻面再續煎2 分鐘就完成。

6 完成後加上你喜歡的配料即可享用。

KAZU 小撇步 沒有在減醣中的話，可以加入少量牛奶更美味。此外，撒上起司粉、番茄醬或胡椒鹽一起享用也是不錯的選擇。

廣島燒風蛋煎高麗菜 1～2 人份

提到「廣島燒」時，廣島人會非常生氣，但這似乎是唯一的翻譯方式，
真是令人感到悲傷的料理名稱。
只是在高麗菜上加個蛋，為什麼就會如此美味呢？不僅具有豐富的口感，
而且低卡路里。這是一道想吃大量高麗菜時我經常會做的食譜。

作法參考影片

熱量	蛋白質	脂肪	醣類	膳食纖維
156.6 卡	10.6 克	11.0 克	3.8 克	1.1 克

材料

· 高麗菜 100克
· 蛋 1顆

[配料]
· 烏醋 5ml
· 日式美乃滋 1茶匙
（約4克）
· 海苔粉 適量
· 柴魚片 適量

作法

1 將高麗菜切絲。

2 平底鍋倒入油，放入高麗菜絲
撒上胡椒鹽翻炒，炒完先取出
盛盤備用。

3 同一個平底鍋清潔一下，重新
倒入油，打蛋將蛋黃戳破煎全
熟。

4 蛋煎出金黃焦色後，倒扣蓋在
高麗菜上。

5 最後淋上烏醋、美乃滋，撒上
海苔粉跟柴魚片就完成。

**KAZU
小撇步**　煎好後將豬五花肉片或是蝦仁放到蛋上，更有廣島燒的風
格。

和風雞蛋豆腐煲

2〜3 人份

用和風高湯燉煮豆腐的美味，我希望更多的人能夠品嚐到。
只需要像親子丼那樣加入蛋液，這道菜立即變成了像料亭一樣美味的料理。
另外，加入蒟蒻麵讓它變成類似烏龍麵的風格，也是很推薦的食用方式。

作法參考影片

熱量	蛋白質	脂肪	醣類	膳食纖維
286.0 卡	29.9 克	14.0 克	10.1 克	2.5 克

材料

· 嫩豆腐 1盒
  （約300克）
· 雞蛋 2顆
· 蔥花 適量

[湯底]
· 鰹魚醬油（2倍
  濃縮） 50cc
· 水 150cc
· 薑末 適量

作法

1 將湯底材料加入鍋中。

2 接著加入豆腐，用湯匙直接舀
  大塊放入鍋中。

3 開火煮沸後加入蛋液。

4 蛋液煮成喜歡的蛋花熟度再撒
  上蔥花即可上桌。

**KAZU
小撇步**　吃的時候可以撒上七味粉一起享用。想加入肉末或是肉片一
起吃也是不錯的選擇。

醬燒蒜香麻油豆腐排

1~2 人份

雖然只是簡單地煎豆腐，卻有著驚人的美味。

在日本家庭料理中，經常使用的調味料是「麻油、醬油、大蒜」，

三者下鍋引出的香氣非常誘人，會激發 100% 的食慾。

作法參考影片

熱量	蛋白質	脂肪	醣類	膳食纖維
460.0 卡	39.6 克	32.0 克	3.4 克	6.6 克

材料

- 板豆腐 1盒
  （約 400克）
- 麻油 5克

[調味料]
- 蒜頭 3瓣
- 蔥花 適量
- 味醂 1大匙
- 醬油 1大匙

作法

1 將板豆腐取出盒子，用廚房紙巾包起並壓重物讓水分釋出。

2 平底鍋加入麻油熱鍋。

3 香味散出後將板豆腐橫切一刀放入鍋中煎。

4 兩面煎出焦色後，下調味料拌勻收乾即可盛盤。

5 最後灑點蔥花就完成。

KAZU 小撇步　醬油的濃度可以隨個人口味調整。

豆腐歐姆蛋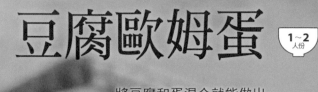

1~2人份

將豆腐和蛋混合就能做出
具有份量感的豆腐歐姆蛋。
這道料理非常有飽足感，
很適合在追求低碳水和低卡路里，
同時想滿足口腹之慾的時候享用。
唯一的困難點可能是成型有一定的技巧，
如果每天都做的話熟能生巧，
不知不覺間就會魔法般地瘦下來，
做歐姆蛋的技術也能更上一層樓。

作法參考影片

熱量	蛋白質	脂肪	醣類	膳食纖維
361.5 卡	33.0 克	22.7 克	6.3 克	2.7 克

材料

- 嫩豆腐 1盒
  （約300克）
- 起司片 1片
- 蛋 2顆
- 高湯粉 1/2茶匙
- 醬油 2茶匙
- 鴻喜菇 20克

作法

1　將嫩豆腐用打蛋器打散至有滑嫩感，接著所有材料加入混合。

2　平底鍋倒入橄欖油熱鍋後放入蛋液。

3　單面煎熟後將另一半翻起呈橢圓狀。

4　蓋上蓋子讓蛋均勻蒸熟即可起鍋。

5　撒上柴魚搭配醬油或是加番茄醬一起吃都不錯。

KAZU 小撇步　蛋的用量少會比較難定型，但也同樣美味。

檸香鹽燒炒菜

1~2
人份

花椰菜含有豐富的蛋白質，是在減肥期間可以積極攝取的食材之一。

加入少量的檸檬汁，使這道料理口感更加清爽，

即使在沒有食慾的日子，也能胃口大開。

如果沒有檸檬汁，也可以用白醋代替。

熱量	蛋白質	脂肪	醣類	膳食纖維
373.8 卡	35.6 克	23.0 克	6.1 克	3.4 克

材料

· 雞腿肉 200克
· 花椰菜 100克
· 青椒 50克
· 洋蔥 100克

[調味料]
· 檸檬汁 2大匙
· 雞粉 1大匙
· 黑胡椒 1大匙
· 蒜末 1茶匙

作法

1 將雞腿肉切成好入口大小，並撒上黑胡椒調味。

2 花椰菜放入熱水中汆燙30秒；洋蔥及青椒切成好入口大小。

3 平底鍋熱油後下雞肉煎熟。

4 雞肉煎熟後依序加入青椒、洋蔥、花椰菜翻炒。

5 最後加入所有調味料拌勻即可上桌。

KAZU 小撇步　如果覺得鹹度不夠，可以再加胡椒鹽調整一下。

美味
湯品

在為期兩個月的減肥期間，我成功瘦了 10 公斤。
當然外出用餐的機會也不少，
遇到這種情況，我的選擇幾乎都是火鍋。
此外，在家中我也經常做各種湯品。
減肥中火鍋和湯品絕對是最強的幫手，
也可以說日本的湯品幾乎就是火鍋，
因為我們習慣加入豐富的配料。
喝湯或許不是很準確的形容，嚴格來說更像是「吃湯」。
正因為如此，減肥時即使肚子餓，
也可以喝湯帶來飽足感。
請務必試試這些能讓你吃得飽
並同時瘦下來的減肥湯品。

MENU

生薑豬肉味噌湯

豬肉柚子胡椒白菜鍋

雞肉丸湯

醬油相撲鍋

低醣壽喜燒

日式鮭魚雜魚湯

日式涮涮鍋

湯豆腐

蔬菜燉湯

炒香菇蓮藕蔥味噌湯

生薑豬肉味噌湯

減肥期間，最常吃的大概就屬味噌湯了。
豬肉和生薑中含有許多能促進脂肪燃燒的成分，
而添加發酵食品：味噌，則對腸道健康改善非常有益。
這碗湯中含有非常適合減肥的營養素，
也可以說是在飲用一種吸脂飲料吧。

作法參考影片

熱量	蛋白質	脂肪	醣類	膳食纖維
548.7 卡	46.5 克	31.5 克	19.8 克	4.4 克

材料

· 豬肉片 200克
· 薑絲 40克
· 豆芽菜 100克
· 胡椒鹽 少許
· 味噌 3～4大匙
· 香油 1大匙

[高湯]
· 日式高湯 1000ml
  或水1000ml＋高
  湯粉 2茶匙

作法

1 鍋中加入香油熱鍋，豬肉放入
  炒熟，途中撒上胡椒鹽調味。

2 鍋中豬肉釋出多餘的油脂，用
  廚房紙巾吸起，同時肉也會釋
  出多餘的水分及灰血水，請確
  實的將這些多餘的部分去除。

3 接著加入蔬菜。

4 沿著鍋邊的油淋上「高湯
  100ml」後蓋上蓋子悶煮。

5 悶煮 3 分鐘後開蓋，再加入剩
  下的 900ml 高湯。

6 煮沸後將浮出的灰色浮沫撈掉
  後熄火。

7 最後加入味噌溶解就完成。

**KAZU
小撇步**

如果覺得味道太淡，味噌的用量可以增加，加入少許鹽巴也
可以引出風味。味噌裡面也會含有鹽巴，所以記得要邊嚐嚐
味道邊調整喔！從高湯開始自己做的話，美味也會倍增。

作法參考影片

豬肉柚子胡椒白菜鍋 （2~3人份）

最近在超市也可以輕鬆購買到柚子胡椒了。雖然名字裡有
「胡椒」二字，但實際上是使用的是柚子和辣椒製成的調味料。
裡頭並不含任何胡椒，真是有趣呢！柚子的清新香氣和辣椒的
辣味非常美味，是一個很棒的調味料，很推薦搭配鍋物享用。

熱量	蛋白質	脂肪	醣類	膳食纖維
504.6 卡	44.2 克	29.2 克	16.3 克	3.6 克

材料

· 白菜 1/4顆
　（約 400克）
· 梅花豬肉片 200克

　[湯頭]
· 鰹魚醬油 50cc
· 柚子胡椒 1茶匙
· 水 500cc

作法

1　將白菜切成好入口大小。

2　全材料放入鍋中。

3　蓋上蓋子將材料煮軟即可上
　桌。

**KAZU
小撇步**　湯頭的濃淡請用白高湯或鰹魚醬油調整，因為白菜本身再加
熱後會出水的關係，湯頭的水量很少也沒關係。

雞肉丸湯

2~3 人份

在日本常常出現的一道湯品，雞肉丸湯。
將類似漢堡肉的肉丸加入湯品中，簡單幾顆就能帶來滿足感，
肉汁也能沁入湯中，簡單的醬油調味就能充滿香氣。
這道簡單卻充分發揮食材鮮美的湯品，
絕對是減肥中不可略過的食譜。

作法參考影片

熱量	蛋白質	脂肪	醣類	膳食纖維
484.2 卡	95.9 克	7.8 克	7.6 克	3.4 克

材料

[湯底]
· 高湯 1000ml
· 醬油 50cc

[雞肉丸]
· 雞胸肉 400克
· 杏鮑菇 100克
· 蒜頭 2瓣
· 生薑 1指節份
· 蔥花 1支量
· 胡椒鹽 適量

作法

1 將雞肉丸的所有材料放入食物調理機打碎,打到你喜歡的口感。

2 高湯與醬油加入鍋中煮沸。

3 沸騰後,用湯匙挖起雞肉丸成型一顆顆擺入鍋中,煮熟即可起鍋。

4 喜歡的話也可以一起加上大量蔥花或柚子胡椒一同享用。

KAZU 小撇步

吃雞肉丸時我個人很喜歡搭配柚子胡椒一同享用,你也可以試試看。除了用雞胸肉做丸子,用雞腿肉當然也是不錯的選擇。

醬油相撲鍋

3~4 人份

相撲鍋可能會讓人直覺聯想到相撲力士的形象，
覺得會使人變胖，但其實並非如此。
相撲鍋的作法其實非常健康，是低醣飲食中的好食譜。
那為什麼相撲力士會變胖呢？
據我認識的前力士朋友說，他們在吃相撲鍋時
會搭配大量的碳水化合物，然後立刻睡覺，
還會吃下甜點或漢堡等大量的零食，
力求增加體重，完全像是我剛來台灣時的吃法。

作法參考影片

相撲鍋 ▶ 熱量 186.7 卡 ｜ 蛋白質 12.6 克 ｜ 脂肪 0.7 克 ｜ 醣類 32.5 克 ｜ 膳食纖維 7.7 克

雞肉丸 ▶ 熱量 217.6 卡 ｜ 蛋白質 31.1 克 ｜ 脂肪 5.6 克 ｜ 醣類 10.7 克 ｜ 膳食纖維 0.2 克

材料

[湯底]
· 高湯 1000ml
· 醬油 3大匙
· 米酒 3大匙
· 代糖 1大匙
· 蔬菜（隨選）高麗菜400克、
  鴻喜菇100克、紅蘿蔔50克、
  杏鮑菇100克、玉米筍50克

[雞肉丸]
· 雞絞肉 200克～250克
· 蛋 1顆
· 太白粉 1大匙
· 醬油、代糖、米酒 各1茶匙
· 青蔥 1支
· 薑末 少許

作法

1 先將雞肉丸材料全部
　混合。

2 準備 1000ml 的高湯
　加熱（昆布、柴魚、
　雞高湯皆可）。

3 接著加入醬油、味醂
　及米酒，想增添鹽巴
　的鹹味也可以加入一
　點喔。

4 最後放入雞肉丸及所
　有想吃的蔬菜煮熟就
　完成了。

KAZU 小撇步 材料不限，請隨著個人喜好加入吧！最後剩下的湯汁精華，加入飯及蛋一起煮就能做成雜炊喔！

低醣壽喜燒

1~2
人份

在減肥期間，非常想吃壽喜燒的心情時常浮現在心頭。
此時正適合製作減醣版的壽喜燒食譜。
即使調整調味方式，所做出的口味連我的太太
都沒察覺這其實是減醣版的壽喜燒。

作法參考影片

熱量	蛋白質	脂肪	醣類	膳食纖維
672.3 卡	52.3 克	38.6 克	28.9 克	4.4 克

材料

· 牛肉 200克
· 紅蘿蔔50克
· 白菜 350克

[調味料]

· 醬油 100cc
· 代糖（赤藻醣或羅漢果醣）4大匙
· 水 300～500cc
· 高湯粉 2茶匙

作法

1　將調味料混合備用。

2　蔬菜切成好入口大小。

3　鍋中倒入橄欖油熱鍋，下紅蘿蔔炒。

4　紅蘿蔔炒軟後，放入肉片煎出焦色後加入一點調味料煮沸。

5　湯頭的濃淡度調整成自己喜歡的口味。

6　最後加入喜歡的食材煮熟即可享用。

KAZU 小撇步　直接享用也不錯，但更推薦沾蛋液一起吃非常美味。

日式鮭魚雜魚湯

1~2
人份

魚油是減肥的好夥伴！如果想充分攝取魚油，煮成湯是很好的選擇。
魚類的處理給人繁瑣的印象，但只要使用超市買來的魚，
也能輕鬆製作美味湯品喔！

作法參考影片

熱量	蛋白質	脂肪	醣類	膳食纖維
281.4 卡	31.6 克	8.5 克	19.6 克	2.6 克

材料

· 鮭魚骨、魚頭等部位
  喜歡的量
· 水 800ml
· 高湯粉 10克
· 味噌 3～4大匙
· 蔥花 適量

作法

1 將鮭魚各部位用流水沖洗乾
  淨。接著放入瀝水籃中，均勻
  淋上熱水沖洗，再一次流水將
  血水沖洗乾淨，這個步驟可去
  除魚的腥臭味。

2 將處理好的鮭魚與 800ml 的
  水及高湯粉放入鍋中燉煮 5 分
  鐘。

3 浮起水面的灰浮沫請撈除。

4 最後熄火再加入味噌溶解就完
  成。

KAZU 小撇步　味噌的用量請試喝過後調整。

日式涮涮鍋 3~4 人份

移居台灣後，我發現日本和台灣的涮涮鍋其實味道上有很大的差異。

你可能會驚訝地發現，日本的涮涮鍋調味非常簡單。

但是我們會沾上柚子醋醬油一起吃，在享受大量蔬菜之餘而不會感到越吃越膩。

這是一道清爽的火鍋食譜，非常適合想來點口味清淡的日子享用。

熱量 26.6 卡　蛋白質 2.0 克　脂肪 0.2 克　醣類 4.2 克　膳食纖維 5.3 克

材料

· 水 2000ml
· 昆布 20克

[柑橘醋]
· 醬油 5大匙
· 檸檬汁 5大匙

作法

1 將昆布浸泡水中至少 30 分鐘。

2 泡好後開火煮到水面出現微小氣泡，昆布拿起來。千萬不要煮沸，否則會出現腥味，味道差很多。

3 接著放入喜歡的食材後煮熟即可享用。

4 煮好的食材沾上柑橘醋就是日式的定番吃法。

KAZU 小撇步　豬肉、牛肉與雞肉，各式各樣的肉都適合做成涮涮鍋。柑橘醋中加入蘿蔔泥跟蔥花也很推薦喔！剩下的湯，我們習慣加上飯與蛋做成雜炊。

營養師 小提醒　牛蒡、胡蘿蔔等醣類較高的蔬菜不要過多。另外南瓜、玉米、芋頭等都屬於澱粉類，不要當成蔬菜食用。肉類選擇低脂肉類，或去皮肉類的話油脂量減少，熱量會降低。

湯豆腐

1~2
人份

「哇！確定只有豆腐嗎？」你可能會感到驚訝，但這碗湯豆腐絕對會讓你更驚豔。
我小時候其實並不懂這道料理，但長大後不知不覺間就變成了我喜愛的料理之一。
這是一道隨著歲月而開始能體會它的美味，富有深度的料理。
不僅吃再多也不會胖，而且味道高雅鮮甜，很是風雅。

作法參考影片

熱量	蛋白質	脂肪	醣類	膳食纖維
419.5 卡	46.1 克	22.3 克	8.6 克	6.4 克

材料

- 板豆腐 1盒
  （400克）
- 水 500cc
- 昆布 3cm

[特製醬油]
- 醬油 50cc
- 代糖 2茶匙
- 米酒 1茶匙
- 柴魚片 5克

作法

1 先調好特製醬油。將特製醬油中除柴魚片以外的材料，放入小鍋中火煮沸。

2 煮沸後熄火加入柴魚片，以小火再煮 1 分鐘，接著熄火靜置 10 分鐘。

3 將柴魚過濾留下醬油，並加入 1 大匙飲用水稀釋。

4 接下來做湯豆腐。在鍋中加入水及昆布泡 20 分鐘。

5 泡好後加入豆腐，開火。煮到快沸騰那瞬間轉小火（水面有波浪但沒有沸騰的程度），煮沸的話豆腐的口感會比較不好吃，要注意。

6 撈除水中的浮渣後熄火。

7 撈起豆腐盛盤，最後搭配自己喜歡的配料與剛剛做好的醬油一起享用即可。

KAZU 小撇步　藥味（配料）來說薑末、蔥花、白蘿蔔泥、柴魚片、白芝麻是經典的材料。煮的時候昆布沒有取出一起煮也 OK。

蔬菜燉湯

3~4 人份

只用蔬菜、鹽和水，就可以做出令人驚豔的甜美美味湯品。
平時被丟棄的蔬菜皮，洗淨後也能是製作高湯的絕佳食材，
只需加入炒過的蔬菜和一片培根，譜出的絕品風味絕對會衝擊你的味蕾！

作法參考影片

熱量	蛋白質	脂肪	醣類	膳食纖維
569.9 卡	23.1 克	36.3 克	37.7 克	12.5 克

材料

· 高麗菜 1/4顆
（約400克）
· 洋蔥 1顆
（約 200克）
· 鴻喜菇 半包
（約60克）
· 紅蘿蔔 半根
（約50克）
· 培根 100克

[蔬菜高湯]
· 水 1公升
· 鹽巴 1茶匙
· 蔬菜芯或皮 適量

作法

1 將所有蔬菜洗淨切成好入口大
小，蔬菜外皮與芯留下。水中加
鹽煮到沸騰前轉文火。

2 放入蔬菜皮及蔬菜芯小火煮 20
分鐘，小心不要煮到沸騰。

3 平底鍋加入橄欖油熱鍋，放入蔬
菜炒到表面金黃焦色，途中撒點
鹽巴。

4 接著加入培根切片翻炒。

5 將在鍋中燉煮 20 分鐘後的蔬菜
皮與芯取出，加入剛才炒過的蔬
菜與培根，小火續煮 30 分鐘。

6 煮完後嚐一下味道，用鹽巴調整
鹹度即可上桌。

**KAZU
小撇步**　享用時可以加點巴西里或香草、初榨橄欖油、黑胡椒等等，
味道會更上乘。培根換成火腿也可以。蔬菜高湯直接使用市
售的湯塊也 OK。

炒香菇蓮藕蔥味噌湯

3～4
人份

香氣爆炸濃郁，令人忍不住一碗接一碗地享用的美味味噌湯。
最重要的是用香油將食材預先炒過，就能散發出極為迷人的香氣，
並使食材的美味在燉煮過程中釋放出來。
請一定要試著做看看這道濃郁鮮美的味噌湯。

作法參考影片

熱量	蛋白質	脂肪	醣類	膳食纖維
325.5 卡	6.5 克	25.5 克	17.5 克	4.9 克

材料

· 香菇 50克
· 蓮藕 50克
· 香油 2大匙
· 水 1000ml
· 高湯粉 1茶匙
· 味噌 2大匙
· 青蔥 1根
（約35克）

作法

1 將食材切成好入口大小。

2 鍋中倒入香油，並放入香菇、蓮藕拌炒。

3 蔬菜炒熟後，放入水及高湯粉，如果有高湯的話更好。

4 煮沸後，熄火加入味噌溶解。

5 最後灑點蔥花更加美味。

KAZU 小撇步 不要怕放入的香油太多，有著它的香氣才會讓這道湯品更加美味。

萬用沾醬
與沙拉醬

在執行低醣減重飲食法時，
如果手邊常備這些醬汁及沙拉醬的食譜，
在減肥過程中，
自然能增加攝取蔬菜的機會。
與市售產品不同的是，
自製的醬汁不含防腐劑，
因此保存期限至多 2～3 天，
但這也讓您更安心地享用，
也不怕用不完。
如果您希望醬汁、沙拉醬
也能盡可能的降低醣質，
不妨參考以下配方。

MENU

低醣優格凱薩醬

薑汁沙拉醬

蒜香油沙拉醬

檸檬沙拉醬

柑橘醋醬油

低醣照燒醬

| 低醣優格凱薩醬 |

1~2
人份

| 薑汁沙拉醬 |

1~2
人份

常備沾醬

學會製作這些醬汁後，可以更輕鬆地調整成符合自己的口味。

除了凱薩優格沙拉醬之外，畫面中為了讓大家看清楚醬汁，準備了雙倍的份量。

自己要做的時候，還是請按照食譜的份量進行喔！

低醣優格凱薩醬

熱量	蛋白質	脂肪	醣類	膳食纖維
411.2 卡	8.9 克	39.7 克	4.5 克	0.1 克

材料

無糖優格 3大匙 / 日式或美式美乃滋（無糖）3大匙 / 代糖 1茶匙 / 起司粉 2大匙 / 蒜末 1瓣量 / 黑胡椒 適量

作法

材料混合就完成，淋在自己喜歡的生菜沙拉上一起享用吧！

KAZU 小撇步 加入溫泉蛋一同混合也很美味。

薑汁沙拉醬

熱量	蛋白質	脂肪	醣類	膳食纖維
276.0 卡	0.4 克	30.0 克	1.1 克	0.1 克

材料

薑末 適量 / 白醋 2茶匙 / 醬油 1茶匙 / 冷壓初榨橄欖油 2大匙

作法

所有材料混合，選擇你喜歡的生菜淋上去即可享用。

KAZU 小撇步 生薑的用量可以隨自己喜好做調整。 做好的沙拉醬約可存放 2~3 天，請盡早食用完畢。

| 檸檬沙拉醬 |

1~2
人份

| 蒜香油沙拉醬 |

1~2
人份

蒜香油沙拉醬

熱量	蛋白質	脂肪	醣類	膳食纖維
317.8 卡	2.2 克	33.0 克	3.0 克	0.6 克

材料

香油 1 大匙 / 橄欖油 1 大匙 / 醬油 1 大匙 / 鰹魚粉 1/2 茶匙 / 代糖 1/2 茶匙 / 蒜末 1 瓣量 / 芝麻 1 茶匙

作法

所有材料混合拌勻即可完成。

KAZU 小撇步 如果喜歡芝麻的香氣的話，非常推薦你將白芝麻磨末一同加入。由於加入蒜頭的關係，不太適合配上水果沙拉，請留意一下。

檸檬沙拉醬

熱量	蛋白質	脂肪	醣類	膳食纖維
277.6 卡	0.5 克	30.0 克	1.4 克	0.0 克

材料

冷壓初榨橄欖油 2 大匙 / 檸檬汁 2 茶匙 / 醬油 1 茶匙

作法

所有材料混合，選擇你喜歡的生菜淋上去即可享用。

KAZU 小撇步 檸檬汁的用量可以隨個人喜好做調整。鹹度方面可利用胡椒鹽調整。做好的沙拉醬約可存放 2～3 天，請儘早食用完畢。

| 柑橘醋醬油 |

1～2
人份

| 低醣照燒醬 |

1～2
人份

柑橘醋醬油

熱量	蛋白質	脂肪	醣類	膳食纖維
69.8 卡	4.3 克	0.2 克	12.7 克	0.1 克

材料

醬油 50cc / 檸檬汁
50cc / 白醋 50cc

作法

將所有材料混合就完成了！

**KAZU
小撇步** ｜ 除了檸檬，舉凡柑橘類都可以使用，尤其是柚子、柑橘最為合適喔！

低醣照燒醬

熱量	蛋白質	脂肪	醣類	膳食纖維
13.6 卡	1.2 克	0.0 克	2.2 克	0.0 克

材料

米酒 2大匙 / 代糖 2茶
匙 / 醬油、水 各1大匙

作法

將所有材料混合就完成了！

PART 4

減醣 Q&A

為你解答減醣過程中的疑難雜症。

KAZU 親身經歷分享，

營養師專業解惑，陪你一起更健康！

Q：減醣期間能不能吃／喝0大卡食品？

KAZU：

減醣的時候，我也常常喝 0 卡路里的飲料。料理時會用代糖來替代一般的砂糖，但是每個人的身體狀況都不一樣。有些人血糖比較容易上升，這可能會影響減醣的效果，如果你發現吃這些食品之後，體重下降的不如預期，建議可以詢問營養師或健身教練的意見。

欣儀營養師：

如果翻開食品營養標示，熱量部分標示為 0 大卡，例如：0 卡可樂、0 卡果凍等，食用這種 0 熱量食品可降低熱量攝取，也是減肥期間可用來解饞的食品，像是無調味的蒟蒻加入火鍋中不僅增加纖維，而且還 0 熱量，就是減肥期間的好幫手。但要特別留意某些調味過的加工食品，這種食品可能會有過多人工添加物，例如，需要添加香料來提供香氣，添加色素來美化食品，如此一來食用的頻率不建議太高，一個月吃一、兩次還可以，一週吃兩次就太多了。

另外，有些標榜使用代糖的食物不一定是 0 大卡，因為可能有添加較多調味品或油脂來提供風味，因此還是要學會看食品標示比較安全。

Q：減肥完成後，該怎麼回復原本的飲食習慣？是不是可能會懼怕攝取澱粉？

KAZU：

減醣生活結束之後，一開始真的很怕一吃澱粉就會胖，但後來還是開始正常攝取澱粉了，直到現在我還是有控制澱粉的攝取量，像是中午會吃比較多澱粉，晚上就少吃或者不吃。只要稍微留意一下，就能避免暴飲暴食，不會突然胖很多。

欣儀營養師：

減醣的程度可以自行調整，不用懼怕攝取澱粉。在嚴格執行時期，可將一天的碳水化合物控制在 60 ～ 90 克，但在放鬆期則可控制在 90 ～ 150 克，學會計算醣量就不用害怕吃醣類。醣類是很重要的營養素，不能不吃，學會控制份量就好。

Q：聽說減重達標後容易胖回來，是真的嗎？

KAZU：

減醣的時候，常常會覺得熱量不夠，等到恢復原來的飲食習慣後，體重多少會稍微上升，因為攝取的熱量增加了嘛，體重增加2～3公斤其實算是常見的。但如果有配合運動，肌肉量也增加了，外觀上就不會感覺像是胖回來了。

欣儀營養師：

體重控制下來後，很多人會復胖，那可能是使用較「不生活化」的減肥飲食，例如完全不吃澱粉或只吃蔬菜減肥，這種不人性化的減肥法，在短期內會得到控制熱量的效果，但效果無法持久，只要恢復原本的飲食習慣，因為熱量增加、代謝率降低，復胖機率就很高。

而且我們的生活周遭充斥著澱粉類食物，你也不可能永遠不吃澱粉，因此若我們可以把減醣飲食變成是習以為常的飲食習慣，那就比較好長久執行，例如：本來吃一碗飯的人改成吃半碗飯，本來天天要吃甜食的人改成一個禮拜吃一次甜食，愛喝含糖飲料的人改成無糖飲料，把不好的飲食習慣改掉，維持健康體態就是一輩子的事了。

Q：完全不攝取醣類比較好嗎？

欣儀營養師：

不能不攝取醣類！醣類是身體主要的能量來源，尤其對於大腦和中樞神經系統而言更是不可少的。完全不攝取醣類可能會對身體造成不良影響，會產生能量不足、疲勞、頭暈等症狀。

Q：減醣期間每日醣質要控制到多少克？

KAZU：

我在減醣的時候，每天的醣類攝取量控制在 50 克以內，如果自己煮飯，這個目標其實還滿容易達成的，比較困難的部分是得吃足夠的蛋白質，還要確保攝取到足夠的基礎代謝量所需的熱量。

欣儀營養師：

簡易計算醣量的方式：每公斤體重 1.1 ～ 2.2 克的醣類，例如：體重 50 公斤的人，一天可吃 55 克的醣，55 克醣換算成飯量約為一平碗的飯。你可以早餐不吃澱粉，午晚餐各吃半碗飯即可達成。這個範圍是安全又可長期執行的減醣飲食，如果想要再更低的醣量，或許短時間內減肥效果會很好，但是長期下來可能會對身體代謝造成不好的影響。

Q：開始減醣後會有頭暈的狀況，如何解決？

欣儀營養師：

這表示你的醣量吃太少了，大腦很需要醣作為養分，人不可以完全不吃醣。建議改吃高纖維的醣類，例如：地瓜、馬鈴薯等五穀雜糧類，增加飽足感也增加營養價值，記得！醣類控制份量吃即可，不是不能吃。

Q：減醣太久會有什麼缺點嗎？

欣儀營養師：

極端的減醣法會造成身體產生不良反應，例如：暈眩、口臭、掉髮，甚至會有代謝異常的情形，但如果是均衡飲食的控制醣量飲食，則對身體不會有不良影響，還能控制體態。

Q：可以喝酒嗎？

KAZU：

蒸餾酒雖然不含醣，但還是有熱量，這些熱量對身體沒什麼幫助，對肌肉也不太好，所以我在減肥的時候，還是會選擇戒酒。但如果真的忍不住，偶爾會喝一點蒸餾酒，像是威士忌或伏特加之類的。

欣儀營養師：

1 克酒精會產生 7 大卡，所以酒精有液體麵包之稱，因此需要控制體重的人還是別喝酒比較好。如果不是在減肥期間，想喝酒也不是不行，以啤酒來說，一天建議量是：女生 250cc、男生 500cc 即足夠，如果是高濃度（>30%）的酒精飲料，女生 30cc、男生 60cc 即可，過量就不好了。

另外要特別提醒，喝酒的時候最怕的就是下酒菜，會不知不覺吃下過多熱量，因此下酒菜的種類要避免高油的炸物或是含澱粉、高糖的食物，選烤物優於炸物，另可選黃豆類，如：毛豆（優質植物性蛋白質）、烤花枝（低脂肉類），並控制份量，才不會吃下過多熱量。

Q：哪些人不適合減醣？

欣儀營養師：

處於特殊體質或是特殊疾病時，不建議減醣：

1. 孕婦或哺乳期婦女：孕婦與哺乳期婦女需要額外的營養，碳水化合物是一種重要的能量來源，想減醣的孕婦可先詢問營養師，找到適合自己的醣量。

2. 活動量大的運動員：高強度的運動需要大量的能量，而碳水化合物就是提供快速能量的主要來源，減醣飲食可能會影響運動表現。

3. 腎臟病患者：減醣飲食通常會增加蛋白質攝取，但腎功能不全的人可能會產生額外的負擔。腎病患者可先經由營養師諮詢再來調整飲食。

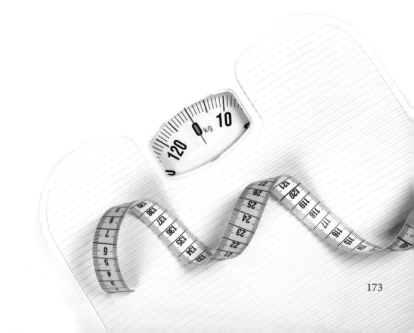

Q：減醣期間，外食有什麼選擇嗎？

KAZU：

我常去牛肉麵店吃牛肉湯、Subway 吃生菜沙拉。也會選擇去滷味、炭烤、火鍋店吃飯，較好控制食材攝取，便利商店的話，滿常買茶葉蛋及舒肥雞。

欣儀營養師：

外食時，如果你想嚴格執行減醣飲食，可選擇以下食材：

1. 選擇五彩蔬菜的沙拉，但要注意沙拉醬種類，最好選擇和風醬、油醋醬或不加醬。

2. 選擇低脂蛋白質類，如：豆腐、去皮雞胸肉或海鮮，且避免添加糖的醬料，例如：日式燒烤的醬料就含有砂糖，對於減醣飲食是大威脅。

3. 用餐時先避開澱粉類，例如：吃火鍋時不吃米飯、麵條或冬粉，西餐料理不要吃麵包，選擇排餐而非義大利麵，盡量減少澱粉的量。

4. 可選擇烤或煎的食物，避免油炸品，因為油炸物通常會裹粉，這些炸粉也都是醣類來源。

5. 避免高糖飲料，如：汽水、果汁和含糖的茶。選擇無糖飲品，最好是水或無糖茶。

6. 點餐時可先詢問餐廳是否能夠根據需求進行調整。例如：不添加醬汁，或要求用蔬菜代替主食。聽說有些牛排館的麵條可改成蔬菜或蛋，如此可避免食材浪費或是需要硬吃的窘境。

7. 在超商選購商品時應注意食品的營養標示，以便於計算一天的總醣量。

Q：糖尿病患者和減肥的人，減醣方式有什麼不同？

欣儀營養師：

糖尿病患者需要較謹慎控制醣類攝取的份量，尤其是有吃藥或是打胰島素控制的病患不能不吃醣類，否則會引起低血糖症而休克，每餐須控制醣類在一定的範圍內，並且定時測量血糖，血糖穩定才能延緩後續的併發症，如：腎臟病、心血管疾病或白內障的發生。

而一般健康成人因為控制血糖能力較好，因此減醣飲食計畫可以寬鬆一點，一餐不吃醣類也不會引起低血糖，不像糖尿病患者那樣需謹慎控制每次進食的醣類份量。

Q：進行減醣飲食期間，需要搭配運動嗎？

KAZU：

我一週會去健身房重量訓練 2 ～ 3 次，就算再忙，一週至少去一次運動還是比較好，養成運動的習慣，對健康有幫助，減肥效果也不錯。

欣儀營養師：

運動可以幫助提升代謝率，所以一定要有規律運動的習慣。有氧運動與無氧運動的好處各有不同。有氧運動可降低體脂肪，無氧運動主要是生成或鍛鍊肌肉，如果你屬於體脂肪超過 30% 以上的泡芙人，建議你以有氧運動為主，先將體脂肪降到 30% 以下，之後再逐漸增加無氧運動的時數，幫助雕塑肌肉的線條。

附錄

減肥小故事 1

為什麼我瘦不下來？
有運動不是就可以多吃嗎？

「我以前怎麼吃都不會胖，現在吃很少還是瘦不下來！」

一年前，25 歲漂亮的采潔身高 165 公分、50 公斤，喜愛爬山與慢跑的習慣讓她擁有結實的身材，只不過到了新公司當採購人員後，久坐式的生活型態，加上沒時間運動，不到一年已經飆近 60 公斤，她說：「我真的沒有吃很多，但體重就是一直增加。」自從換工作後，每星期的運動習慣已經荒廢，她自覺到「增加運動量是執行體重控制的第一個步驟。」因此開始抽空去健身房運動，一星期去三趟，每次 1 小時的運動，無氧與有氧運動都有安排，非常認真地執行運動項目，運動後按照指示補充點心來維持肌肉量，晚餐再吃一份少油少鹽的健身餐，自從安排運動後，心情變得愉快，身體不會那麼疲勞，加上吃得少醣、少油、少鹽，感覺健康了不少。

「太好了！我一定可以瘦得很快！」她信心滿滿的說。沒想到加

上運動後的兩週，她的體重與體脂肪皆文風不動，沮喪的她急得想找出原因。

「是我年紀到了嗎？ 25 歲之後代謝率是不是就一直下降？」

「運動量還是不夠嗎？我已經累得半死了。」

營養師這樣說

關於第一個問題：25 歲之後基礎代謝率真的就一直下降嗎？以 BMR 計算公式看起來，這句話是沒錯的，BMR 公式如下：

BMR(男)：

$(13.7 \times 體重 (公斤))+(5.0 \times 身高 (公分)) - (6.8 \times 年齡)+66$

BMR(女)：

$(9.6 \times 體重 (公斤))+(1.8 \times 身高 (公分)) - (4.7 \times 年齡)+655$

但是，隨著年齡增加，基礎代謝率下降的幅度每年只有 0.37%，也就是說要 10 年才會下降 3.7%，采潔才 26 歲，距離 25 歲也才多一年，基礎代謝率只降低 5 大卡，因此基礎代謝率下降並不是采潔瘦不了的主因。

第二個問題，運動的確是一個消耗熱量、增加代謝率的好方法，可是在采潔身上為什麼不見效？請采潔仔細回憶前一天的飲食內容，我終於發現了問題！

早餐：雜糧饅頭 1 顆 + 茶葉蛋 1 顆 + 黑咖啡 1 杯 + 蘋果 1 小顆

午餐：三寶飯便當 1 個，但飯只吃一半，其他菜都有吃完

運動後點心：超商地瓜 1 顆 + 茶葉蛋 1 顆 + 無糖豆漿 1 瓶

晚餐：健身餐便當 1 個 + 香蕉 1 根（固定每晚都吃一根香蕉）

看起來還挺健康的飲食，到底是哪裡出問題了呢？你有看出問題所在嗎？整體來說，想要減脂的話，她一整天攝取的醣量仍然太多，我會建議她的醣量一整天控制在 90 克到 120 克以內，但是她一整天的醣量已經達 165 克，因此建議：

1. 早餐的澱粉類可改成燕麥片 3 湯匙或地瓜 60 克，一整顆饅頭實在太多了。減少了主食量，可再增加一點蔬菜增加纖維與提高飽足感。

2. 健身餐的飯量減半，有些便當店的飯可以減半，改成供應青菜，是控醣的好幫手。

3. 運動後的點心也過量，依照她的運動強度，建議可把無糖豆漿與茶葉蛋二擇一即足夠，地瓜也應挑小顆的免得熱量過高。

4. 沒有運動的日子，下午的點心不吃，否則熱量就太高了。

5. 每天晚上吃一根香蕉太多了，平均一根香蕉有 30 克醣，如果真的喜歡吃香蕉，一次半根就好，或挑芭蕉 (比較小條)，或是一天加總起來 1 根香蕉即足夠，也可替換成其他水果，注意份量即可。

為什麼每天吃一根香蕉？是因為聽到有人說：「健身要吃香蕉比較好。」所以就每天吃一根香蕉，當她聽到我說這樣吃太多時也很訝異。這也是大家常見的問題，常常因為網路上或是親朋好友片面的資訊，認為某些食物特別好，就沒有注意份量而狂吃，結果卻造成反效果。

另外，采潔雖是維持一週三次的運動習慣，頻率與運動項目都有按照教練的指示，但是估算她的運動強度後卻發現，攝取熱量還是超過她的消耗熱量，例如每日消耗熱量是 1800 大卡，但卻吃下 1800～2000 大卡，並沒有達到熱量赤字，因此長期累積下來，減脂的效果變得不明顯。她以為吃少油少鹽熱量就會少，其實並沒有。

在飲食調整之後，我幫助她達到熱量赤字，只是稍微減少醣類攝取，第一週隨即下降 0.5 公斤，這 0.5 公斤就像一劑強心針，讓她在執行運動與健康飲食時更有勁，努力之後能看到成果，她再也不沮喪，我替她感到開心。

減肥小故事 2

親友都是胖子，
很難做好體重控制

家族裡都是胖胖體型的 Ivy，從小被灌輸「多吃是福氣」、「肉肉的很好看」的觀念，但長大後發現親友們的健康受到了影響，加上現在是個追求體態、健美的時代，越接觸健康資訊，她想要控制體重的心也越強烈，但是當自己開始控制飲食與運動，或是減少外食機率改為自己料理的時候，她卻受到家人冷嘲熱諷，有時還會為了「吃」跟家人吵架，家庭氣氛受了影響，不僅無法執行減肥計畫，還影響了家庭和樂。

這是個滿困難的處境，減肥雖說是自己的事情，如果身邊的人不支持，或處於一個不被看好的環境下，嚴重點還有尖酸刻薄的嘲笑出現，負面情緒一擁而上，減肥計畫被迫中止可想而知。

站在她的親友角度來看，他們年齡較大，也不常接觸健康資訊，有些還沒遇到「因為肥胖造成疾病」的階段，因此會認為胖胖的也沒關係，或是覺得享受生活、吃得開心最重要，至於控制飲食與運動是件辛苦的事情，選擇讓自己最舒服、無壓力的生活型態是人之常情，也由於自己無病無痛生活又自在，理所當然的希望你跟他一樣就好，不要那麼自虐。

站在 Ivy 的角度來看，她在網路與書籍裡接收許多營養觀念，深知肥胖會造成許多慢性病甚至癌症，又看到姑姑深受糖尿病之苦，擔心爸爸與自己也有類似的遺傳因子，因而想請家人一起控制飲食與運動，獲得健康的身體。無奈家中主要準備餐點的美食派媽媽觀念已根深蒂固，爸爸的飲食習慣也是無法改變，已經嫁出去的姐姐同樣是以吃為樂、用享受生活派的模式教養下一代，她反倒成了家族中最不合群的一個。

「如何改變家人錯誤的飲食觀念？」
「我是不是一輩子都無法減肥成功了？」

營養師這樣說

家家有本難念的經，這種家庭模式也算常見，其實不只是減肥，許多照顧病患的家屬都可能遇到跟你一樣的麻煩！例如：「罹患腎病的爸爸改不了重口味的習慣」「糖尿病的媽媽最愛油膩膩的炸物與澱粉類小吃」，想嚴格改變家人的飲食模式卻搞的家裡烏煙瘴氣，一氣之下就讓他自生自滅，結果讓病情加重。

想要改變家人錯誤的飲食觀念是件不容易的事情，即便是我，身為營養師的我，說出來的建議也不一定能改變親友的飲食行為。其實有時候不是因為他們質疑我的建議，而是當人已有了既定的生活模式與飲食型態，要他們一下子改變是非常困難的，除非他們遇到重大事故或疾病，人生遇到特殊事件造成壓力或痛苦時，才有可能藉由某次的事件來讓他們改觀，下定決心做點改變。

我給 Ivy 的建議，在初期，自己默默地調整自己的飲食就好，不用急於改變家人的觀念。在家用餐時，用我教的挑菜原則，選擇適合自己的肉量、蔬菜量與澱粉量，吃完就離開餐桌，不吃剩菜，也不用特別去評論母親準備的料理。在外飲食照著外食原則，當自己在家可準備料理時，試著為自己準備一道健康又清爽的菜色，也讓他們一起品嚐看看，準備的份量不用多，也不一定要他們吃，如果他們願意吃當然很好，但如果不願意嘗試也無可厚非，不需要過分苛責他們的飲食習慣。

沒有人喜歡被說教，如果你強加自己的理念在別人身上，被反彈是可想而知。與家人理念不同沒關係，我們就先從自己做起，聽到冷嘲熱諷也沒關係，只要是做正確的事情即可，不急著改變他人想法，所謂日久見人心，總有一天會證明你是對的。

Ivy 的早餐與午餐是自行處理，因此可以照著飲食原則進行修正，晚餐則是與家人一起用餐，按照挑菜原則去吃，熱量也不會超量太多，因此很快的有減脂的效果出現。

不與家人爭辯後，家庭氣氛也正常不少，媽媽在後來也有放開心胸傾聽 Ivy 想減肥的真正原因，並且得知父親將來可能易罹患糖尿病之後，在食材的選擇上有逐漸修改為多選擇原型食物，除了爸爸的口味較難教育之外，聽到冷言冷語的機會已經降低很多，健康之路也不那麼辛苦了。

減醣週計畫表

	早餐	午餐	晚餐	一日總醣量
Mon				
Tue				
Wed				
Thu				
Fri				
Sat				
Sun				

減醣週計畫表

	早餐	午餐	晚餐	一日總醣量
Mon				
Tue				
Wed				
Thu				
Fri				
Sat				
Sun				

減醣週計畫表

	早餐	午餐	晚餐	一日總醣量
Mon				
Tue				
Wed				
Thu				
Fri				
Sat				
Sun				

減醣週計畫表

	早餐	午餐	晚餐	一日總醣量
Mon				
Tue				
Wed				
Thu				
Fri				
Sat				
Sun				

Life 059

日式減醣料理
料理名家KAZU X 營養師廖欣儀
減脂不減美味的健康瘦身計畫

作　　者—KAZU、廖欣儀
責任編輯—呂增娣、徐詩淵
校　　對—KAZU、李曼瑩、廖欣儀
　　　　　徐詩淵、魏秋綢
攝　　影—葉琳喬
封面設計—劉旻旻
內頁設計—李韻芳
副總編輯—呂增娣
總 編 輯—周湘琦

董 事 長—趙政岷
出 版 者—時報文化出版企業股份有限公司
　　　　　108019台北市和平西路三段240號2樓
　　　　　發行專線—(02)2306-6842
　　　　　讀者服務專線—0800-231-705　(02)2304-7103
　　　　　讀者服務傳真—(02)2304-6858
　　　　　郵撥—19344724時報文化出版公司
　　　　　信箱—10899臺北華江橋郵局第99信箱
時報悅讀網—http://www.readingtimes.com.tw
電子郵件信箱—books@readingtimes.com.tw
法律顧問—理律法律事務所　陳長文律師、李念祖律師
印　　刷—華展印刷有限公司
初版一刷—2024年05月17日
初版二刷—2024年06月26日
定　　價—新台幣450元
（缺頁或破損的書，請寄回更換）

日式減醣料理：料理名家KAZU X 營養師廖欣儀：減脂不減美味
的健康瘦身計畫 / KAZU, 廖欣儀著. -- 初版. -- 臺北市：時報文化
出版企業股份有限公司, 2024.05
　　面；　公分
ISBN 978-626-396-241-5(平裝)

1.CST: 減重 2.CST: 健康飲食 3.CST: 食譜

427.1　　　　　　　　　　　　　　　113005865

創業萬延元年

辻利茶舖

TSUJIRI®

SINCE 1860

西元1860年，「辻（ㄗˋ）利」於京都宇治創立，創辦人「辻利右衛門」統籌最高等級綠茶「玉露」製法，使茶香更臻醇美，更發明可將茶葉之溫度與濕度控制得宜的「茶櫃」，宇治茶開始流通至日本各地；其後裔延續創辦人秉持創新融入傳統的融和精神，於北九州小倉、京都祇園、岡山等地設立分店，締造卓越聲譽，令辻利成為「宇治抹茶」代名詞。西元1923年，北九州小倉「辻利茶舖」成為辻利喫茶文化的先驅，嚴選宇治本家工廠最高等級抹茶，原創各式美味飲品及餐點，如辻利冰沙、辻利漂浮等皆為其特有商品，使顧客體驗抹茶的各種可能性。

西元2010年，集結日本各地辻利總本家的京都宇治「辻利一本店」與北九州小倉「辻利茶舖」，兩者所共同提攜之新品牌「TSUJIRI辻利茶舖」以台北為起點開拓海外市場。傳承七代共逾164年，再由小倉一脈相承三代逾百年，辻利第三個新時代，正透過「TSUJIRI辻利茶舖」將日本茶的精良品質推廣至全世界，承諾使用上等食材，結合傳統茶文化，精心製成各式風味飲品、甜點及輕食。實體店舖位於台北遠百信義A13，除了提供道地的抹茶、日本茶等飲品，其他像是招牌的抹茶霜淇淋、現場刷製的抹茶拿鐵及口感細緻且風味濃郁的辻利濃茶卷皆深受顧客的喜愛，並於每季推出限定商品，讓顧客品嚐時令食材與抹茶相結合的美味。目標矢志推崇抹茶、日本茶成為繼紅茶、咖啡而後的世界第三大飲品，誠摯邀請您一同以茶入生活。

同時辻利茶舖在台也經營線上官網，日本空運的抹茶粉、日本茶直送到家，亦有多款特色商品及禮盒，像是辻利雙茶冰心大福禮盒、辻利抹茶麻糬巴斯克及辻利抹茶絲絨抹醬等，更豐富且多元的貼近顧客口味與需求，讓您在家也能輕鬆享受抹茶、日本茶的獨特風情。

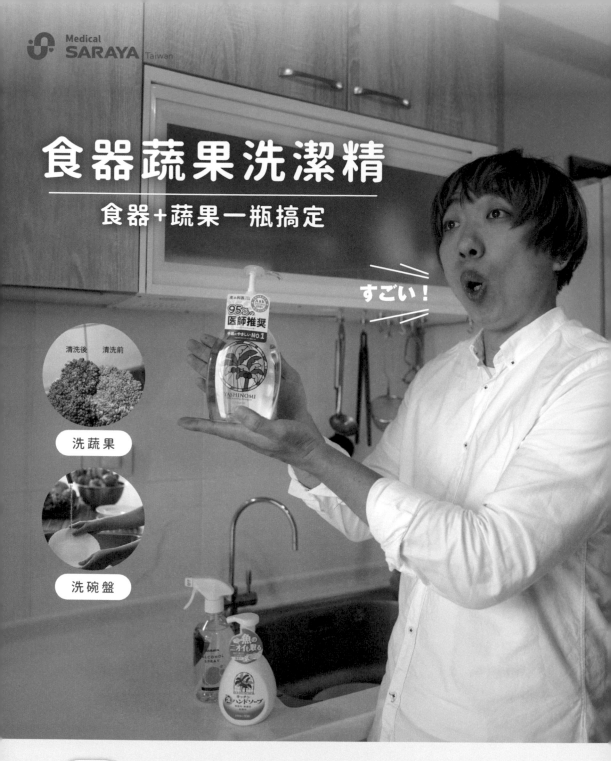

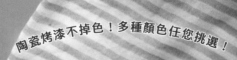

KUBARA
SINCE 1893

美味關鍵就在這一味
久原本家自信之作的飛魚高湯濃縮醬油

結合了上品風味的「飛魚高湯」
和自社獨家提煉的「火煉醬油」
打造出春夏秋冬皆適用的萬能醬汁

うどんや煮物に

焼きあごだし
二段仕込み

調味料めんつゆは
これ一本！

くばら

久原

本場九州

濃縮4倍

あごだし
つゆ

500ml

熱銷
萬瓶

開啓美味料理

久原4倍濃縮高湯醬油